Beate M. Reisinger

Aufbruch!

Über dieses Buch

Menschen über 50 befinden sich in ihrem Berufsleben häufig in einer zwiespältigen Situation: Einerseits gelten sie zuverlässig und erfahren, andererseits als unflexibel und zu teuer. »Wo soll ich denn in meinem Alter noch hin?«, denken viele und erdulden selbst unerträgliche Situationen im Job so lange, bis sie seelisch und gesundheitlich am Ende sind. Ob es dieser psychische Leidensdruck ist, die konkrete Situation der Arbeitslosigkeit oder auch »nur« das Gefühl, die kommenden Arbeitsjahre dürften nicht an eine ungeliebte Aufgabe verschwendet werden – gerade in der Lebensphase 50 plus suchen viele Menschen einen neuen Kurs.

Genau hier setzt dieser Ratgeber an. Er hilft, sich der eigenen Wünsche und Träume wieder bewusst zu werden, und macht Mut bei der Neuorientierung im Berufsleben. Dabei gibt er konkrete Tipps, was man tun kann, um sich im bestehenden Job besser zu positionieren, sich auf dem Arbeitsmarkt geschickt zu »verkaufen« oder eine Selbstständigkeit erfolgreich zu starten. Fallgeschichten aus der Beratungs- und Coaching-Praxis der Autorin veranschaulichen diese Strategien.

Über die Autorin

© privat

Beate M. Reisinger, Jahrgang 1957, studierte Betriebswirtschaft und sammelte 15 Jahre lang Führungserfahrung im Personalbereich verschiedener europäischer Unternehmen. Parallel zu einem ihrer Führungsjobs im Ausland absolvierte sie einen MBA. Seit 1996 arbeitet sie selbstständig als Trainerin und Coach und bietet unter anderem Seminare zur beruflichen Neuorientierung in der Lebensmitte an.

Beate M. Reisinger

Aufbruch!

*Berufliche Neuorientierung
in der Lebensmitte*

nymphenburger

© 2009 nymphenburger in der
F. A. Herbig Verlagsbuchhandlung GmbH, München
Alle Rechte vorbehalten.
Das Gedicht auf Seite 140 stammt aus George Bernard Shaw,
Mensch und Übermensch, Deutsch von Annemarie und Heinrich Böll,
© der deutschen Ausgabe Suhrkamp Verlag, Frankfurt am Main 1972.
Umschlaggestaltung: Wolfgang Heinzel
Umschlagfoto: Kommunikation und Design G. Wagner, Düsseldorf
Satz: Noch & Noch, Balve
Gesetzt aus: 11/14 pt. Sabon
Druck und Binden: Friedrich Pustet, Regensburg
Printed in Germany
ISBN 978-3-485-01177-8

www. nymphenburger-verlag.de

Inhalt

Vorwort

Mit 50 wird das Leben richtig spannend. Was nicht heißt, dass es einfach wird. Im Job macht sich nun die Konkurrenz mit den Jüngeren bemerkbar, die – durchaus begründete – Angst, nicht mehr mithalten zu können oder sogar als »altes Eisen« aussortiert zu werden. *Wer heute nicht mehr voll leistungsfähig ist, ist doch nicht mehr erwünscht. Wenn ich nicht mehr mithalten kann, stehe ich bei der nächsten Entlassungsrunde ganz oben auf der Abschussliste. Und wo sollte ich dann noch hin?«* Diese Gedanken sind realistisch. Aber sie bedeuten Stress pur: Sie müssen immer voll da und leistungsbereit sein, keine Fehler machen. Technisch immer up to date sein, obwohl Sie das weit mehr Kraft und Zeit kostet als die jungen Kollegen. Das halten Sie bis 67 nicht durch. Weit vorher sind Sie nämlich mental und körperlich am Ende.

Manche jüngeren Kollegen finden es ohnehin keineswegs verwerflich, alles dafür zu tun, um Sie beim Kampf um ein Projekt oder Ressourcen auszubooten. *»Das müssen Sie sportlich sehen: Der Bessere gewinnt eben«*, heißt es dann kühl.

Das alles ist wahr. Aber es ist nicht die ganze Wahrheit. Schneller und aggressiver ist nicht automatisch besser. Und es ist sicher kein Grund, sich im Job-Elend einzurichten und dem Rentenbeginn entgegenzudämmern. Wenn Sie jetzt 50 sind, haben Sie noch fast 20 Berufsjahre vor sich, und zwar nicht irgendwelche, sondern Ihre besten.

Denn ebenso wahr wie Ihre nachlassende Leistungsfähigkeit und der Jugendwahn in den Unternehmen ist: Gerade Ihr Alter und Ihre Erfahrung machen Sie zu einem wertvollen Mitarbeiter und ermöglichen Ihnen ein besonders erfülltes und glückliches Arbeitsleben, eines, das Sie mit 20 so nicht hätten haben können. Sie können ohne die Hektik und den Karrierehunger der Jungen arbeiten, Sie brauchen nicht mehr täglich beweisen, wie toll Sie sind. Sie können mit längerem Zeithorizont planen und Konzepte »rund« machen, damit sie auch wirklich funktionieren. Sie können Ihr Wissen an die Jüngeren weitergeben und für diese wie für Ihren Chef zum begehrten Ansprechpartner, Mentor oder Teammitglied werden. Kurz: Sie können endlich so arbeiten und so akzeptiert werden, wie Sie es sich schon immer gewünscht haben. Wenn Sie es denn richtig anstellen.

Denn daran kommen Sie nicht vorbei: Falls Sie nicht zu den wenigen Glücklichen gehören, die in einem Unternehmen arbeiten, das sich schon heute auf den Demografiewandel einstellt und ältere Mitarbeiter gezielt fördert, werden Sie selbst aktiv werden müssen, um Ihre Interessen durchzusetzen. Leiden und Dulden bringen Sie höchstens in den Krankenstand, aber nicht zum Erfolg im Job. Warten Sie nicht auf bessere Zeiten für ältere Arbeitnehmer. Nehmen Sie die Dinge selbst in die Hand. Handeln Sie jetzt. Dieses Buch begleitet Sie als Ihr persönliches Navigationssystem auf Ihrer beruflichen Reise in die Zukunft.

Machen Sie eine
realistische Bestandsaufnahme

Warum haben Sie dieses Buch gekauft? Oder, wenn Sie es nicht selbst gekauft haben, warum hat es Ihnen ein wohlmeinender Mensch geschenkt? Sind Sie unzufrieden mit Ihrem aktuellen Job? Macht Ihre Arbeit Sie krank? Möchten Sie den Job wechseln, sich vielleicht sogar grundlegend neu orientieren und etwas ganz anderes machen als bisher? Oder fühlen Sie sich einfach unsicher, weil Sie nicht wissen, was noch alles auf Sie zukommt, weil Sie befürchten, aufs Abstellgleis geschoben oder konkret von Arbeitslosigkeit bedroht zu sein?

Wie auch immer Ihre persönliche berufliche Situation aussieht: Sie sind nicht allein damit. Jenseits der 50 stellen sich den meisten Menschen früher oder später dieselben Fragen, tauchen ähnliche Probleme auf, die es in früheren Lebensphasen so nicht gab. Die Antworten und Lösungen sind oft nicht leicht zu finden. Sie sind nicht merkwürdig oder überanspruchsvoll, wenn Sie unzufrieden sind, und nicht hypochondrisch, wenn Sie Zukunftsängste haben. Im Gegenteil: Sich seiner Unzufriedenheit und seiner Unsicherheit zu stellen beweist Mut und Realismus.

Deswegen lesen Sie dieses Buch. Sie spüren einen gewissen Veränderungsbedarf, wissen aber noch nicht genau, wohin die Reise gehen soll. Meinen Glückwunsch! Den ersten, entscheidenden Schritt zu einer Veränderung und Verbesserung Ihrer Lage haben Sie damit nämlich schon getan. Unzufrieden sind schließlich viele, Konsequenzen daraus ziehen aber nur wenige.

Ich gebe Ihnen auf den nächsten Seiten ein Instrumentarium an die Hand, mit dem Sie herausfinden können, was genau Sie verändern sollten, um beruflich und insgesamt glücklicher und zufriedener zu werden. Ich zeige Ihnen mögliche

Wege auf, wie das gelingen kann. Sie werden sich Freiräume schaffen müssen, um das alles durchzuarbeiten und zu durchdenken. Manche Übungen werden Sie vermutlich sogar öfter machen oder erst mal wirken, »sich setzen« lassen. Manches wird Ihnen leichtfallen, anderes wird Ihnen schwierig oder zunächst sogar abwegig erscheinen. Lassen Sie sich trotzdem darauf ein. Es geht immerhin um die berufliche Neuausrichtung in Ihrem Leben.

Vielleicht wird sich für Sie ein völlig neuer Lebensentwurf ergeben. Vielleicht werden Sie auch feststellen, dass Sie gar keine komplette Neuorientierung benötigen, sondern nur ein paar kleinere Korrekturen vorzunehmen brauchen, um Ihre Lebensqualität zu verbessern. Nur Sie selbst können das entscheiden. Es ist Ihre ganz persönliche Reise. Sie sitzen am Steuer, ich begleite Sie nur.

Fangen wir also an.

Wie jede Reise beginnt auch diese mit der Frage, wo es hingehen soll. Um sie beantworten zu können, sollten Sie sich vergegenwärtigen, wo Sie schon überall waren auf Ihrem beruflichen Weg. Wo es Ihnen gefallen hat und wo Sie vielleicht wieder hinmöchten. Aber auch, wohin Sie auf keinen Fall mehr wollen.

So ziehen Sie Ihre persönliche Job-Bilanz

Wo stehen Sie heute in Ihrer beruflichen und persönlichen Entwicklung? Wenn es zu Ihrem Job gehört, neue Mitarbeiter einzustellen, haben Sie schon oft das Leben anderer Menschen aus diesem Blickwinkel betrachtet. Sie haben geprüft, wie logisch und stringent ein Lebenslauf ist. Wie vielseitig und erfahren ein Kandidat wirkt. Welches Potenzial noch in ihm stecken könnte.

Jetzt geht es um Ihr eigenes Berufsleben. Dessen Analyse sollten Sie mindestens genauso sorgfältig angehen. Und das nicht nur, weil ein zukünftiger Chef einen solchen Blick auf Ihr Berufsleben haben wird. Das kommt später. Sondern weil Sie als Ihr eigener Personalentwickler tätig werden sollen. Weil Sie selbst erst einmal ein Bewusstsein dafür bekommen sollen, was Sie in Ihrem Leben alles schon gemacht und gelernt haben, was Sie können, was Ihnen noch fehlt, was Sie gerne tun und was nicht.

Sie denken, das wüssten Sie auch so? Erlauben Sie mir eine gewisse Skepsis. Das sehe ich in der Arbeit mit meinen Klienten immer wieder: Oft verengt sich im Laufe des Lebens der Blick auf das eigene Ich. Manche Erfahrungen wurden vergessen oder ausgeblendet, andere überbetont. An manche Dinge hat man sich so gewöhnt, dass sie einem von allein gar nicht mehr auffallen. Gehen wir also gemeinsam die folgenden fünf Schritte durch.

Schritt 1: Beschreiben Sie Ihre Lebenssituation

Aufgabe 1: Stellen Sie Ihren Lebenslauf zusammen

Als Erstes nehmen Sie sich Zeit und gehen Ihr Berufsleben chronologisch durch. Legen Sie einen tabellarischen Lebenslauf an, von Ihrer Schulbildung, Ihrer Lehre, Ihrem Studium, Ihrem ersten Praktikum an bis heute. Lückenlos. Station für Station. Noch ausführlicher, als Sie es tun würden, wenn Sie sich mit diesem Lebenslauf um eine Stelle bewerben würden.

Was ergibt sich für Sie, wenn Sie so auf Ihre gesammelte Berufserfahrung blicken? Wie würden Sie diesen Lebenslauf interpretieren, wenn er jemand anderem gehören würde? Ist er in sich schlüssig, ergibt er eine nachvollziehbare Weiterentwicklung?

Oder sind da Sprünge, Umbrüche? Von einem Beruf in einen ganz anderen? Von einem Großunternehmen in ein ganz kleines oder umgekehrt? Hatten Sie Auszeiten aus familiären Gründen, etwa zur Kindererziehung? Oder waren Sie zwischendurch arbeitslos? Was haben Sie in dieser Zeit gemacht? Warum haben Sie das gemacht? Was hat Ihnen Freude gemacht, was war positiv? Was war für Sie schlimm, worunter haben Sie gelitten? Machen Sie sich Notizen zu Ihrem Lebenslauf, ergänzen Sie zu jeder Station die positiven und negativen Gefühle und Erfahrungen.

Schritt 2: Suchen Sie nach Mustern

Nach ein paar Tagen schauen Sie noch einmal auf Ihren Lebenslauf. Erkennen Sie ein Muster? Gibt es Dinge, die Ihnen immer wieder passiert sind?

Diese Erfahrung machte beispielsweise meine Klientin Anette P.

Anette kam mit 45 Jahren zu mir, weil sie erkannt hatte, dass sie in einer Wiederholungsschleife steckte. Zunächst hatte ihre Karriere ganz klassisch begonnen: BWL-Studium mit Schwerpunkt Marketing, die erste Stelle bei einem Marktforschungsunternehmen, Erfahrungen in einem weiteren Unternehmen im strategischen Marketing und in der Markenführung.

Mit 40 dachte sie, sie hätte es geschafft. Sie bekam eine Stelle als Marketingleiterin in einem mittelständischen Unternehmen. Endlich die Gelegenheit, ihr Wissen und ihre Erfahrungen umfassend einzubringen, etwas zu gestalten und zu bewegen. Umso frustrierter war sie, als sie erkennen musste, dass der Inhaber des Unternehmens das nicht wollte. Er hatte eigene, statische Vorstellungen von »seiner Marke«, er wollte sie konservieren und nicht weiterentwickeln. Die Marketingleiterin sollte nur ausführendes Organ für ein paar Werbemaßnahmen sein. Aus den unterschiedlichen Auffassungen wurde Streit, Mobbing sogar. Am Ende schloss man einen Aufhebungsvertrag. Nach drei Monaten Frei-stellung war Anette arbeitslos. Es war gar nicht so einfach, eine Stelle auf demselben Level zu finden. Schließlich hatte sie »Glück«: Ein Mittelständler in Berlin suchte eine Marketing-leitung. Anette sagte zu, zog nach Berlin und stellte nach we-nigen Monaten fest: Es war das Gleiche in Grün. Nichts sollte verändert, alles nur bewahrt werden. Was sie wusste und konnte, war nicht gefragt. Es wurde sogar als Bedrohung empfunden. Sie resignierte, machte Dienst nach Vorschrift. Aber das bekam ihr nicht. Sie hatte keine Freude mehr an der Arbeit, litt unter quälenden Kopf- und Rückenschmerzen, war lust- und kraftlos. Ihr Chef war unzufrieden mit ihr, fand ihre Ausstrahlung zu negativ. Diesmal dauerte es nur zwei Jahre bis zum Aufhebungsvertrag. Anette war wieder ohne Arbeit.

Gibt es in Ihrem Berufsleben auch so ein Muster? »Typische« Erfahrungen, die Sie immer wieder machen? Ich habe in mei-ner Beratungspraxis viele solcher Beispiele erlebt: Da gibt es Menschen, die sich beruflich weiterentwickeln wollen, aber dann doch immer wieder in unbefriedigenden Jobs landen, die weit unter ihren Möglichkeiten liegen. Andere finden zwar tolle Jobs, stellen aber jedes Mal fest, dass diese so fordernd sind, dass sie ein einigermaßen befriedigendes Privatleben unmöglich machen. Wieder andere scheitern re-gelmäßig an jähzornigen oder schwierigen Chefs, werden im-mer wieder bei Beförderungen übergangen oder landen jedes Mal bei den unbeliebtesten und am wenigsten Ruhm einbrin-genden Projekten.

Wenn Sie ein solches Muster in Ihrem Leben finden, dann ist dies der richtige Zeitpunkt zu fragen, warum das so ist. Nehmen wir es gleich vorweg: Es liegt ganz sicher nicht da-ran, dass die Glücksgöttin Sie hasst oder das Schicksal für Sie eben nichts anderes vorgesehen hat. Warum also gibt es diese Wiederholungen in Ihrem Leben? Meiner Erfahrung nach gibt es im Wesentlichen zwei mächtige Einflüsse, die hier wirksam werden. Zum einen sind da prägende Erfahrungen aus unserer Kindheit. Menschen, die uns beeindruckt, Glaubenssätze, die wir verinnerlicht haben. Wie bei Konrad W.

Als Konrad von der Schule abging, wusste er nicht, was er werden sollte. Er wusste nur: So ein langweiliges und kleinbürgerliches Angestelltendasein wie sein Vater wollte er nicht fristen. Da fiel ihm sein Onkel Hannes ein, der Paradiesvogel in der Familie. Dieser Onkel war eine sehr eigenwillige Persönlichkeit, jemand, der unbeirrbar seinen Neigungen folgte und als Seemann ein völlig unbürgerliches Leben lebte. Konrad entschied sich ebenfalls für eine Ausbildung als Seemann. Nach ein paar Jahren stellte er fest, dass ihm dieses unstete Leben doch nicht so gut gefiel. Daraufhin machte er eine technische Ausbildung. Diese Arbeit war ihm dann zu langweilig. Nach mehreren Jobs und Umwegen begann er ein Studium an der Kunsthochschule. Heute ist er Anfang 50 und arbeitet selbstständig als Künstler und Designer. Er ist glücklich, seine vielfältigen Lebenserfahrungen kreativ umsetzen zu können. Aber das war ein langer, ein sehr langer Weg. Warum er ihn gegangen ist? Weil er als junger Mann keinen eigenen Lebensentwurf erarbeitet und auch keinen Mentor zur Seite hatte, so hat er versucht, das Leben seines Onkels nachzuleben.

Bei den einen gab es eine Persönlichkeit, der man nacheifern wollte. Bei anderen dominierte der Wunsch, auf keinen Fall so zu werden wie der Vater, die Mutter oder sonst eine wichtige Person aus der Kindheit. Findet sich in Ihrer Kindheit ein solches Vorbild, dem Sie mehr oder weniger bewusst nacheiferten haben, oder eine Negativ-Persönlichkeit, von der Sie sich abgrenzen wollten? Ein Glaubenssatz, den Sie verinnerlicht haben? Motive wie diese können unser Leben auf Jahrzehnte hinaus prägen. Doch letztlich gehen sie am Wesentlichen vorbei: Es geht ja nicht darum, genauso oder ganz anders zu sein als jemand anders. Es geht darum, ganz Sie selbst zu sein und das zu tun, was Ihnen entspricht und Sie glücklich macht. Und was das ist, können nur Sie selbst herausfinden und bestimmen. Das kann Ihnen selbst die wohlmeinendste Person nicht abnehmen. Manchmal sind es gerade die Wohlmeinenden, die uns von dem ablenken, was wir wirklich wollen, und uns damit ins Unglück treiben.

Julian M. ist ein junger Mann von Anfang 20, der genau weiß, was er will: Sein Traum gilt einer eigenen Nachtbar. Die Dekoration steht schon klar vor seinem inneren Auge, er hat Kurse im Cocktail-Mixen gemacht und liebt es, neue Varianten auszuprobieren. Wenn er von seinem Lokal erzählt, leuchten seine Augen, er gestikuliert lebhaft und redet wie ein Wasserfall. Warum er seinen Traum nicht verwirklicht? Seine Schultern fallen zusammen, seine Stimme wird müde. Seine Eltern wollen nicht, dass ihr einziges Kind, ein so begabter junger Mensch, sein Leben ausgerechnet in einer Kneipe vergeudet. Das kann er ihnen doch nicht antun! Der Vater hat seinetwegen schon Herzrhythmusstörungen bekommen. Was seine Eltern sich für ihn wünschen? Ein Studium, Ingenieurwissenschaften vielleicht, und dann einen angesehenen, gut bezahlten, sicheren Job.

Hier wird deutlich, was der zweite mächtige Einfluss ist, der – nicht nur – im Berufsleben wirksam wird: das Streben nach Sicherheit. Sicherheit wünschen sich Eltern – verständlicherweise – für ihr Kind. Sicherheit wünschen wir uns alle im Auf und Ab des Lebens. Oft ist es nur das Sicherheitsstreben, das uns in erstarrten Beziehungen oder ungeliebten Jobs ausharren lässt. Lieber weiter im vertrauten Unglück leben, als sich ins Unbekannte wagen und vielleicht noch größeres Unglück zu riskieren. Aber der Preis für diese vermeintliche Sicherheit ist hoch.

Das Streben nach Sicherheit war es auch, das Anette in die Wiederholungsschleife führte: von einem unerfüllten Marketingjob in den nächsten. Erst der zweite Aufhebungsvertrag und die körperlichen Beschwerden machten ihr klar, dass es so nicht weitergehen konnte, dass sie etwas Neues wagen musste. Auch da stand am Anfang die Angst: Wovon sollte sie als Alleinstehende zukünftig leben? In dieser Situation half ein Kassensturz und die befreiende Erkenntnis: Das Ersparte würde, bei einiger Einschränkung, ein gutes Jahr lang reichen. Das war genügend Zeit, gesund zu werden, sich neu zu orientieren und etwas Neues anzufangen. Annette machte eine Ausbildung als Change Managerin und Coach und kontaktierte anschließend Unternehmen aus ihrem Netzwerk von früher. Heute arbeitet sie als freiberufliche Projektleiterin im Marketing. Ihre Aufgaben: strategischer Aufbau und Unterstützung von Marken. Endlich das, was sie immer wollte. Ihre Kopf- und Rückenschmerzen ist sie seitdem los.

Schritt 3: Zeit für eine Zwischenbilanz: Wo stehen Sie jetzt?

Was stört Sie an Ihrem derzeitigen Leben und an Ihrer Arbeit am meisten? Ist die Arbeit an sich interessant, aber das Klima im Team mies? Oder werden Sie immer für die langweiligen Routine-Projekte eingesetzt, weil man Ihnen nicht mehr zutraut oder weil die jüngeren Kollegen Sie ausbooten? Schlägt man Ihren Rat immer wieder in den Wind? Lässt man Sie spüren, dass Sie zu alt sind, um noch mitreden zu können? In mancher Branche, etwa in der IT- oder Werbebranche, kann Ihnen das schon mit Anfang 30 passieren.

Das Gute an Ihrer Situation ist: Sie sind inzwischen darüber hinaus, die Gründe für das, was in Ihrem Leben schiefgelaufen ist, allein in den äußeren Umständen oder in Ihrer Kindheit zu suchen. Unsere Kindheitserfahrungen sind prägend und können uns lange belasten. Aber nun stehen Sie in der Mitte Ihres Lebens. Sie sind erfahren genug, um die frühen Verhaltensprägungen zu erkennen und überwinden zu können.

Was Sie mit 20 nicht sehen konnten, liegt nun klar vor Ihnen: Auch wenn man Ihnen als Kind eingebläut hat, immer schön bescheiden zu sein – Karriere machen nur die, die sich auch verkaufen können. Fleiß und Leistung allein sind nicht entscheidend. Nur gemocht zu werden reicht auch nicht. Anerkennung bekommt man nicht geschenkt, man muss sie sich verdienen.

Noch etwas wissen Sie nun besser als vor 20 Jahren: Äußerlichkeiten sind keine Kompensation für das, was Sie wirklich wollen und brauchen. Sie können raften oder Bungee springen, um Ihren Erlebnishunger kurzfristig zu befriedigen. Ihr langweiliger, ungeliebter Job wird dennoch nicht besser zu Ihnen passen. Sie können reisen und sich stilvoll kleiden. Wenn Sie keinen Sinn in Ihrer Arbeit sehen, wird die innere Leere trotzdem bleiben.

Jetzt ist es Zeit, die Äußerlichkeiten beiseitezulassen und an die Wurzeln zu gehen. Was also ist Ihr Kernthema? Was bewegt Sie am meisten? Was ist das, was Sie ändern wollen und müssen, um endlich so zu leben, wie es sich für Sie gut anfühlt? An dieser Stelle ist es für Sie sinnvoll zu klären, welche Werte Ihnen wirklich wichtig sind. Dazu dient die Werteliste auf der nächsten Seite. Nicht alle Werte darauf sind auf die Arbeit bezogen. Aber eine klare Werteorientierung hilft Ihnen, die für Sie richtige Arbeit zu finden bzw. herauszufinden, welche Korrekturen im Job erforderlich sind, um Sie glücklich(er) zu machen.

Schritt 4: Erarbeiten Sie Ihre persönliche Werteliste

Kreuzen Sie an, welches Ihre zehn wichtigsten Werte sind. Falls Sie finden, dass auf der Liste Werte fehlen, ergänzen Sie diese einfach.

Meine Werteliste

Liebe Frieden Behaglichkeit

Mobilität Abenteuer Muße

Heirat/Ehe Ein Zuhause Gesundheit Ökologie

Anerkennung Ehrlichkeit Reisen

Alleinsein Ruhe Zugehörigkeit

Charisma Miteinander teilen

Sich um andere kümmern Aussehen Kinder

Popularität Freiheit Sicherheit Macht

Gelassenheit Religion Weisheit

Persönlichkeit Nähe Erfolg

Anerkennung Klugheit Erholung

Geld Prestige Unabhängigkeit

Leidenschaft Wissen Kritikfähigkeit

Reichtum Spaß Freundschaft

Herausforderung Sportlichkeit

Gerechtigkeit Kompetenz Glaube Spiritualität

Vergnügen Vertrauen Ordnung Familie

Bequemlichkeit Einfluss Kreativität

Pünktlichkeit Solidarität

Meine Ergänzungen:

_____

_____

_____

_____

_____

_____

_____

_____

_____

Aufgabe 2: Stellen Sie Ihre Prioritäten fest

1. *Schreiben Sie Ihre wichtigsten zehn Werte heraus und bilden Sie eine Rangfolge, vom wichtigsten absteigend.*
2. *Lesen Sie Ihre persönliche Werteliste noch einmal durch.*
3. *Schreiben Sie heraus, welche davon Ihre drei allerwichtigsten Werte sind.*
4. *Schreiben Sie nun zu den drei Werten, wie weit Sie diese derzeit in Ihrem Leben verwirklicht finden. Maximalwert: 100 %, Minimalwert: 0 %*
5. *Überlegen Sie: Bis zu welchem Prozentwert wollen Sie diese drei Werte in den nächsten sechs Monaten verändern? In den nächsten zwölf Monaten?*

Vielleicht stellen Sie fest, dass Sie Ihre wichtigsten Werte in Ihrem Leben bereits zu einem hohen Grad verwirklicht sehen. In diesem Fall: Herzlichen Glückwunsch! Dann führt diese Übung immerhin dazu, dass Sie sich bewusst machen, wie gut es Ihnen geht und dass Sie allen Grund zur Zufriedenheit haben. Manchmal fehlt uns nur diese Erkenntnis zu unserem Glück.

Häufig stelle ich jedoch in meiner Beratungspraxis fest, dass bei den persönlichen Werten deutliche Diskrepanzen zwischen Wunsch und Wirklichkeit auftreten. Manchmal ergeben sich auch Werteverschiebungen durch unvorhergesehene Ereignisse. So wie bei Eckhard B.

Eckhard ist 54 und als Führungskraft der mittleren Ebene bei einem IT-Unternehmen beschäftigt. Er kam zu mir, weil ihn das Ergebnis seines letzten Gesundheitschecks schockartig aufgerüttelt hatte. Sein Arzt hatte ihm mitgeteilt, dass er haarscharf an einem Herzinfarkt vorbeigeschrammt sei und er sein Leben sofort umstellen müsse, sonst sei ein Herzinfarkt vorprogrammiert. Noch vor einigen Monaten, so erklärte Eckhard mir, hätte er völlig andere Werte angegeben. Nun aber sah seine Prioritätenliste so aus:

Seine drei wichtigsten Werte:

	1. Gesundheit	2. Unabhängigkeit/ Gelassenheit	3. Kreativität
derzeit erreicht:	20 %	20 %	25 %

Seine Zielvorstellungen: In einem halben Jahr wollte er eine Verbesserung erreichen auf Zielerreichungsgrade von:

70 %	70 %	60 %

Nach einem Jahr sollten es

95 %	90 %	90 % sein.

Dieses Beispiel verdeutlicht, wie sehr unsere Werte von unserer konkreten Lebenssituation abhängen. Gerade Gesundheit ist für uns meist so lange kein Wert, solange wir sie selbstverständlich besitzen. Oft ergibt sich im Laufe unseres Lebens eine Verschiebung von äußeren Werten wie Anerkennung, Abenteuer und Geld hin zu inneren Werten wie Liebe, Vertrauen und Spiritualität. Selbst wenn die äußeren Umstände gleich bleiben, kann sich dadurch Unzufriedenheit einstellen. Ein und derselbe Job kann uns je nach Lebensphase und Werteorientierung glücklich und zufrieden oder auch unzufrieden und unglücklich machen.

Deshalb empfehle ich Ihnen, die Werteliste nicht nur einmal, sondern immer wieder durchzugehen. In stabilen Lebensphasen wird es genügen, wenn Sie das einmal im Jahr oder alle zwei bis drei Jahre tun. In Phasen der Veränderung – und in einer solchen befinden Sie sich vermutlich, wenn Sie dieses Buch lesen – ist es dagegen sinnvoll, bereits nach vier Wochen zu überprüfen, inwieweit noch dieselben Werte für Sie bedeutsam sind wie zuvor. Wenn sich Ihre Werte verschieben, passen Sie Ihre Ziele und Maßnahmen entsprechend an.

Schritt 5: Definieren Sie Ihren konkreten Veränderungsbedarf

Sie haben bisher schon einiges geleistet: Sie haben Ihr berufliches Leben analysiert, sind Verhaltensprägungen und -mustern auf die Spur gekommen und haben für sich festgelegt, welche Werte Sie leben wollen. Nun können Sie klarer sehen, warum Sie mit Ihrem derzeitigen Job unzufrieden sind bzw. wie Arbeitsaufgabe und -umfeld beschaffen sein müssten, um Ihnen Erfüllung und Zufriedenheit zu schenken.

Aufgabe 3: Schreiben Sie in ein oder zwei Sätzen auf, was Sie als wichtigstes Veränderungsziel ansehen
Beispiel: Ich möchte endlich raus aus der reinen Buchhaltung und ins Controlling reinwachsen. Ich will im Unternehmen wirklich etwas bewegen können und dafür Anerkennung von meinen Kollegen und vom Chef bekommen.

Sie wissen nun, was Sie wollen. Jetzt müssen Sie nur noch dafür sorgen, dass Sie es auch bekommen.

Berufliche Neuorientierung? Jetzt ist der beste Zeitpunkt dafür!

Ach, Sie glauben, so einfach wäre das nicht? In Ihrem Alter noch etwas Neues anzufangen sei ohnehin aussichtslos? Gar den Job zu wechseln sei ein tollkühnes Unterfangen? Der Arbeitsmarkt gebe für Ältere nun mal nichts her?

Natürlich müssen wir realistisch sein. Es ist durchaus möglich, dass Sie Ihre Wünsche in Ihrem derzeitigen Unternehmen nicht verwirklichen können. Oder dass Sie den Traumjob auch woanders nicht finden. Das heißt aber nicht, dass jeder Versuch, Ihre Lage zu ändern, aussichtslos wäre. Wir werden darüber sprechen, was Sie konkret tun können, um mit der Konkurrenz der Jüngeren mitzuhalten, um Ihren Job so zu verändern, dass er Ihnen gefällt, um sich einen neuen passenden Job zu suchen oder gar den Sprung in die Selbstständigkeit zu wagen.

Zunächst aber möchte ich, dass Sie erkennen können, wie sehr gerade die Lebensphase 50 plus nach Veränderung drängt, warum es nicht trotz, sondern eben wegen Ihres Alters Zeit für einen Wechsel ist. Ein halbes Leben haben Sie schon gelebt und so viel über sich und über das Leben gelernt. Sie wissen endlich, was Sie wollen. Wann, wenn nicht jetzt wollen Sie Veränderungen einleiten? Andere haben es Ihnen vorgemacht:

Karlheinz Böhm war 30 Jahre lang Schauspieler. Er war gut, er war berühmt und er verdiente viel Geld. Er war 53, als er diese Karriere aufgab, um sich den Armen Äthiopiens zu widmen. Noch heute, mit 80 Jahren, gilt sein ganzes Engagement der von ihm gegründeten Hilfsorganisation *Menschen für Menschen*. Arnold Schwarzenegger war 20 Jahre lang erfolgreicher Bodybuilder (übrigens schaffte er es, »nebenher« ein Wirtschaftsstudium zu absolvieren und gutes Geld mit Nahrungsergänzungsmitteln für Bodybuilder zu verdienen), weitere 20 Jahre lang ein noch erfolgreicherer Schauspieler. Mit 55 wandte er sich der Politik zu, wurde zum Gouverneur von Kalifornien gewählt und gilt inzwischen als so erfolgreich, dass man ihm sogar für spätere Jahre noch das Amt des Präsidenten der USA zutraut. Bill Gates war 20, als er Microsoft gründete. Mit 45 zog er sich aus dem operativen Geschäft zurück und wurde Aufsichtsratsvorsitzender. Im Juli 2008, da war er 52, gab er auch dieses Amt ab, um sich zukünftig ganz den wohltätigen Zwecken seiner *Bill-and-Melinda-Gates-Stiftung* zu widmen.

Ja, das sind Prominente. Es sind Männer. Und es sind Extremfälle. Aber warum gaben sie just in ihren 50ern ihrem Leben eine so deutliche Wende? Warum ließen sie es nicht gut sein mit dem, was sie gut konnten? Warum leben sie nicht einfach ihr Leben als reiche Privatiers? Ich kenne die Herren nicht persönlich. Aber es scheint mir offensichtlich zu sein, dass gerade ihr Alter eine Rolle bei ihrer Entscheidung spielte, ihr Leben umzukrempeln. Sie hatten genug Zeit gehabt, um festzustellen, was ihnen im Leben wirklich wichtig war. Sie waren klug genug, um zu erkennen, dass ein »Mehr« von immer demselben eben nicht glücklich macht. Und sie begriffen, dass sie nicht mehr ewig Zeit hatten, das zu tun, was sie wirklich wollten. Dass es höchste Zeit war, es **jetzt** zu tun.

Auch wenn Sie nicht reich und prominent sind: Sie befinden sich in der gleichen Situation. Wenn Sie etwas in Ihrem

Leben verändern wollen, ist jetzt der richtige Zeitpunkt dafür. Das Schöne daran ist: Für Sie ist es leicht, sich zu verändern. In Ihrem Alter haben Sie viel mehr Freiheit zur Veränderung als die Jüngeren. Sie stecken nicht mehr in dem engen Korsett aus Anforderungen, das die Mittzwanziger bis Mittvierziger einschnürt: Sie müssen sich und anderen nicht mehr beweisen, wie tüchtig Sie sind. Sie wissen es schon. Sie brauchen den Dienstwagen und andere Statussymbole nicht mehr, um die Nachbarn zu beeindrucken. Sie wissen längst, dass bei denen auch nicht alles Gold ist, was glänzt. Sie müssen nicht mehr allein die Familie ernähren. Ihre Kinder sind inzwischen weitgehend selbstständig und die Raten für Ihr Haus lange nicht mehr so drückend. Sie brauchen Ihr Leben nicht mehr Ihrem Sicherheitsstreben unterzuordnen. Sie wissen, dass es Sicherheit im Beruf wie im Leben ohnehin nicht gibt und dass das Um-jeden-Preis-bewahren-Wollen der sicherste Weg ist, um auf der Kündigungsliste ganz oben zu landen. Sie wissen, dass das Scheitern zum Leben gehört und dass das Wiederaufstehen nach einer Niederlage oft der Beginn einer neuen Erfolgsgeschichte ist.

Sehen wir der Realität also ins Auge: Wenn Sie jetzt 50 sind, haben Sie noch etwa 15 Jahre im Job und, mit etwas Glück, weitere 20 Jahre als Rentner vor sich. Das ist nicht kurz, aber es ist ein überschaubarer Zeitraum. Die Zeit ist kostbar, wenn Sie Ihrem Leben noch eine Wende geben wollen. Faule Kompromisse stehlen Ihnen nur die Zeit.

In meiner Beratungspraxis setze ich an dieser Stelle eine weitere Übung ein: Stellen Sie sich vor, Sie wären bereits am Ende Ihres Lebens angelangt. Na ja, noch nicht ganz, aber es ist Ihr 80. Geburtstag. Wie sieht das Leben aus, auf das Sie zurückblicken wollen? Was soll Ihre beste Freundin oder Ihr bester Freund in seiner Geburtstagsrede über Sie sagen? Doch sicher nicht: »*Er arbeitete Jahr um Jahr in einem ungeliebten Job, bis er endlich in Rente gehen und sich um seine gesundheitlichen Probleme kümmern konnte!*«

Was wollen Sie bis zu Ihrem 80. Geburtstag noch tun, wie Ihr Leben gestalten, damit Sie von einem erfüllten Leben sprechen können?

Aufgabe 4: Ihr bester Freund/Ihre beste Freundin hält eine Rede zu Ihrem 80. Geburtstag
Welche Worte lässt er/sie einfließen, um Ihr Leben zu beschreiben? Wählen Sie zwölf Wörter aus dieser Liste aus:

Sonne   Nebel   Katze   Langeweile   Hektik
Strand   Flug   Jugend   Liebe
Fitness   Vögel   Alltag   Winter   Freunde
Licht   Einladung   Leben   Zugfahrt
Sport   Würfel   Arbeit   Pinsel   Frühling
Abend   Krankheit   Tür   Palmen
Freizeit   Kollegen   Schlüssel   Hobby
Uhr   Rose   Tod   Klaviermusik
Kind   Tauchen   Intrige   Therapie
Mondschein   Spiele   Lachen   Weinen
Unbeschwertheit   Humor   Geiz   Geld
Alter   Blumen   Kunst   Großzügigkeit

Die Wörter, die Sie ausgewählt haben, sollen Ihnen als Inspiration dienen. Stellen Sie sich die Runde Ihrer Freunde und Verwandten vor, die mit erwartungsfrohen Gesichtern um Sie versammelt sind. Stellen Sie sich Ihr Leben vor, das, was Sie in Zukunft noch damit anfangen wollen. Und nun schreiben Sie Ihre Geburtstagsrede.

Wunderschön fand ich beispielsweise die Rede, die meine Klientin Annegret D. für sich entwarf:

*Liebe Annegret, dein 80. Geburtstag ist ein Anlass, um auf dein Leben zurückzublicken, das zwar nicht immer nach den Wünschen und Vorstellungen verlaufen ist, die du einmal hattest. Das aber trotz anfänglicher Enttäuschung eine Wendung zum Guten genommen hat. Ein Leben voller **Sonne** und **Liebe** sollte es sein, mit **Kindern**, Tieren und **Freunden**, für die immer eine Tür offen stehen sollte. Aber es kam anders. Der Start ins Erwachsenenleben begann früh. Bereits mit 14 musstest du für dich selbst sorgen, prägte die **Arbeit** dein Leben, obwohl du doch Abitur machen und Psychologie studieren wolltest. Mit deiner grundsätzlich positiven Lebenseinstellung sahst du dennoch nie den dunklen Tunnel, durch den du laufen musstest, sondern du schautest stets auf das Licht am Ende des Tunnels. Deine Arbeit machte dir zunehmend mehr Spaß, obwohl es nicht dein Traumberuf war. So ist dir etwas gelungen, das nur wenige Menschen schaffen: Mit zunehmendem **Alter** wurde dein Leben immer schöner. Es bereitete dir immer viel Freude, Freunde **einzuladen**, sie zu bekochen, zusammenzusitzen, endlos zu diskutieren und zu **lachen**. Nicht wenige Freunde hatten noch weniger als du und freuten sich über die Gelegenheit, sich bei dir einmal wieder richtig satt zu essen. Überhaupt ist **Großzügigkeit** eine deiner Stärken – oder auch Schwächen, je nach Sichtweise. Du hast die Not anderer gesehen und gerne geholfen. Da dir eigene Kinder verwehrt blieben, hast du immer ein besonderes Herz für hilfsbedürftige Kinder gehabt. Insbesondere in Sri Lanka bist du in einem Alter, wo andere sich zur Ruhe setzen, erst richtig durchgestartet und Projekte ins Leben gerufen, die den Kindern dort Hoffnung auf eine Schulbildung und einen Start ins Berufsleben ermöglichen sollten. Dass du so ganz nebenbei noch deinen Traum verwirklichen konntest, deinen Lebensabend zumindest teilweise träumend am Strand unter **Palmen** zu verbringen und auf das endlose Meer zu schauen, war ein schöner Nebeneffekt und entschädigte dich für manches Schwere, das du in deiner **Jugend** durchmachen musstest ...*

Das Formulieren dieser Rede war für Annegret keine leichte Aufgabe. Sie brauchte drei Wochen, um diese »Hausaufgabe« zu erledigen. Danach aber sah sie deutlich, was sie mit ihrem weiteren Leben anfangen wollte: Arbeit und Freunde bewusster genießen, wieder nach Sri Lanka reisen, um dort den Grundstein für Hilfsprojekte zu legen und sich ein kleines Domizil am Meer zu schaffen.

Gibt es auch in Ihrem Leben einen geheimen Wunsch, etwas, was Sie gerne noch tun würden, was Sie aber noch niemandem anvertraut haben – was Sie vielleicht nicht einmal sich selbst gegenüber eingestehen wollten? Vielleicht würden Sie für Ihre Firma gerne ins Ausland gehen oder Ihre berufliche Erfahrung als Mentor weitergeben. Vielleicht möchten Sie gerne Ihr Hobby zum Beruf und sich damit selbstständig machen oder Sie möchten sich ehrenamtlich in Ihrer Gemeinde engagieren. Vielleicht möchten Sie auch nichts von alledem, sondern nur in Ruhe Ihre Arbeit weitermachen sowie Familie, Freunde und Hobbys genießen.

Wichtig ist, dass Sie sich darüber klar werden, was Sie in den Jahren, die vor Ihnen liegen, tun wollen. Und noch wichtiger ist, dass Sie es tun.

Sie sind nicht mehr jung – na und?

Ich habe nicht vor, etwas zu beschönigen. Wenn Sie über 50 sind, haben Sie es im Job nicht unbedingt leicht. Früher wurde den »alten Hasen« Wertschätzung entgegengebracht, sie kletterten im Laufe der Jahre nicht nur die Karriereleiter, sondern auch die Gehaltsstufen hinauf, konnten sich ab 50 sicher fühlen, da sie praktisch unkündbar waren, und die letzten Jahre vor Rentenbeginn gelassen angehen. Diese Zeiten sind vorbei.

Heute spricht man nicht mehr von alten Hasen, sondern vom alten Eisen. Heute sehen sich viele Arbeitnehmer, auch Fach- und Führungskräfte, in ihrer Lebensmitte mit beruflichen Problemen konfrontiert, die Jüngere so nicht haben. Sie sehen sich Vorurteilen von Seiten der jüngeren Kollegen, aber auch der Vorgesetzten und Personalabteilungen in ihren Unternehmen ausgesetzt. Sie gelten als weniger leistungsfähig und wenig lernwillig. Sie werden beim Kampf um Status, Posten und Ressourcen ausgebootet, wenn sie sich nicht wehren. Sie sind bei Umstrukturierungen oder Sparprogrammen genauso von Kündigung bedroht wie Mitarbeiter aus anderen Altersgruppen – nur dass sie sich im Ernstfall sehr viel schwerer damit tun, eine neue Anstellung zu finden.

Zwar wächst in den Unternehmen allmählich das Bewusstsein dafür, dass man die älteren Mitarbeiter schon deswegen nicht einfach abschreiben sollte, weil man es sich angesichts der demografischen Entwicklung bald gar nicht mehr leisten kann, auf ihr Potenzial zu verzichten. Außerdem gibt es inzwischen einige Pilotprojekte, bei denen spezielle Weiterbildungsformen für Mitarbeiter 50 plus entwickelt und getestet oder gezielt altersgemischte Teams aufgebaut werden. Wirklich verfestigt hat sich dieses Thema in den Köpfen der deutschen Unternehmer und Unternehmenslenker aber noch nicht.

Es ist daher durchaus verständlich, wenn Sie sich Sorgen über Ihre berufliche Zukunft machen, wenn Sie unter Ängsten leiden oder aggressiv reagieren, wenn Ihnen ein Jüngerer an den Karren fährt. Es wird Ihnen nur nichts bringen. Sie können weder Ihr Unternehmen noch die Einstellung der Kollegen und Personaler ändern. Das heißt aber nicht, dass Sie auf der Strecke bleiben müssen. Es heißt nur, dass Sie Ihre zukünftige Route mit sehr viel Sorgfalt wählen und gestalten müssen.

Stellen Sie sich also der Herausforderung. Stellen Sie sich Ihren Ängsten und deren Ursachen. Suchen Sie aber auch nach Ihren Stärken und Pluspunkten. So düster, wie es Ihnen vielleicht manchmal erscheint, ist die Lage nämlich gar nicht.

Vergessen Sie nicht: Sie haben einiges zu bieten

In meinen Coaching-Gesprächen mit Menschen in der Lebensmitte begegne ich immer wieder derselben tiefen Angst: »*Ich bin zu alt. Ich gehöre zum alten Eisen. Ich kann mich im Unternehmen und auf dem Arbeitsmarkt doch nicht mehr verkaufen. Ich bin nichts mehr wert.*«

Bevor ich mich mit der Frage, wie Sie sich aus der Arbeitslosigkeit heraus auf dem Arbeitsmarkt zurechtfinden und behaupten können, beschäftige, möchte ich auf die typischen Ängste der Mitarbeiter 50 plus näher eingehen, die – noch – einen Job haben. Es sind vor allem drei Dinge, die Angst machen.

Angst vor den Jungen

Es werden zwar heute nicht mehr so viele Mitarbeiter eingestellt. Aber diejenigen, die eingestellt werden, sind jung, fit und clever. Sie sind mit Computern und Internet aufgewachsen, beherrschen die Technik ganz selbstverständlich und spielerisch, die Ältere sich in intensiven Schulungen erarbeiten mussten, und haben eine völlig andere Einstellung zu Leistung, Karriere und Unternehmenskultur. Sie sind geistig flexibel und haben keinerlei Problem damit, sich mit dem Unternehmensgeist zu ändern. Sie wissen oft gar nicht, welche Rolle das Unternehmen in der Vergangenheit gespielt hat und was das Besondere an ihm war. Es interessiert sie auch nicht. Junge Berufsanfänger betrachten die Lage heute sehr pragmatisch. Ihre Einstellung lässt sich auf einen nüchternen Nenner bringen: »*Hauptsache, ich habe einen interessanten Job, verdiene ordentlich und kann mich weiterentwickeln.*« Für sie ist ein Arbeitsvertrag nicht mehr mit einer gefühlsmäßigen Bindung ans Unternehmen gekoppelt. Für sie ist ein Arbeitsvertrag meist einfach ein Deal. Wenn der Deal nicht mehr passt, ziehen sie eben weiter. Und weil sie gut qualifiziert sind, jung, engagiert, »hungrig« und dynamisch, bekommen sie auch ohne größere Schwierigkeiten woanders wieder eine attraktive Stelle.

Genau das ist es, was einem schon Angst machen kann, wenn man selbst in der Lebensmitte steht: Die Jungen haben zwar nicht die Erfahrung und Souveränität in der Arbeit, aber das fangen sie über ihr Engagement auf. Sie strahlen Begeisterung aus, Sportsgeist, sogar Kampfeslust. Sie sind aktiv und lebendig, quirlig und euphorisch. Damit kommen sie bei der Unternehmensleitung natürlich gut an – Sie dagegen fühlen sich im Vergleich mit diesen Jungdynamikern erst so richtig alt.

Seien Sie ehrlich zu sich: Spüren Sie nicht manchmal, dass Sie da nicht mehr mithalten können? Dass in Ihnen das Feuer nicht mehr brennt, sondern allenfalls einmal aufflackert? Dass die einstige Begeisterung müder Resignation gewichen ist? Von dieser Erkenntnis ist es nicht mehr weit dahin, die Jungen als Bedrohung zu empfinden, sie abzulehnen und sich gegen sie abzugrenzen. Wie eine schleichende Krankheit breitet sich dann in den Köpfen der Mitarbeiter mittleren Alters diese Angst vor der jungen Konkurrenz im eigenen Haus, in der eigenen Abteilung aus.

Angst vor der allmählichen Demontage

Das Umfeld macht es Ihnen nicht leicht. Unternehmen fusionieren, schlucken andere, bilden strategische Allianzen, trennen sich wieder, gliedern Teilgesellschaften aus. Früher gab es ein stabiles organisatorisches Gerüst. Heute ist davon nur noch eine Dauerbaustelle geblieben. Reorganisation, Umstrukturierung, Verschlankung – wieder und wieder wird das Unternehmen umgekrempelt, manchmal im Abstand von nur wenigen Monaten. Mitunter wechselt das Top-Management im Jahresrhythmus, alles der Globalisierung, der Quartalsbilanz und dem sogenannten Shareholder Value geschuldet. Wenn Sie schon lange in einem Unternehmen sind, haben Sie schon viele Vorstände und Geschäftsführer kommen und gehen sehen und viele Umstrukturierungen erlebt. Dann wissen Sie ja, wie das ist: Jedes Mal entbrennt aufs Neue ein Verteilungskampf um Posten und Pfründe. Jedes Mal ist irgendwo irgendwer überflüssig und wird wegrationalisiert. Jedes Mal hofft man selbst, dass es nur die anderen trifft. Das kann einen schon zermürben.

Seit einigen Jahren ist in den Unternehmen viel von »Abspecken« und »Sparen« die Rede. So konnte es vielleicht auch Ihnen passieren, dass plötzlich der Chef Ihres Chefs Ihr Vorgesetzter wurde, Ihr Chef aber gehen musste, weil eine komplette Führungsebene gestrichen wurde. So manche Führungskraft fand sich unversehens als »Fachkraft« wieder, musste auf die eigene Sekretärin und die bislang unterstellten Mitarbeiter verzichten und den Dienstwagen eine Nummer kleiner nehmen oder ganz abgeben. Das kratzt am Ego. Das eigene Büro, der reservierte Parkplatz auf dem Firmengrundstück und der Blackberry sind nämlich mehr als nur Arbeitsmittel. Sie sind Ausdruck von Status, sie symbolisieren den hart erkämpften eigenen Platz in der Hierarchie. Diesen abgeben zu müssen mag objektiv noch so nachvollziehbar sein. Es tut dennoch weh. Es ist eine Kränkung. Es macht Angst.

Noch schlimmer ist es, wenn man spürt, dass diese Demontage nicht als Nebeneffekt einer Umstrukturierung, sondern gezielt erfolgt, dass einem systematisch das Wasser abgegraben wird. Wenn einem erst das Auto und dann die Mitarbeiter weggenommen werden. Wenn man plötzlich nicht mehr zu den Geschäftsleitungssitzungen eingeladen ist oder aus bestimmten Arbeitskreisen ausgeladen wird. Wenn man sich am Ende gar allein und ohne Aufgaben in einem Büro wiederfindet, dort die Zeit absitzt und sich den ganzen langen Tag fragt, ob man das noch weiter aushält oder doch lieber selbst kündigen soll. So ähnlich ging es dem Diplomingenieur Walter P., dessen Geschichte ich nicht in meiner Coaching-Praxis, sondern in meinem Bekanntenkreis mitverfolgen konnte:

Walter war Vertriebsleiter in der deutschen Niederlassung eines US-amerikanischen Unternehmens, das komplexe technische Produkte für die Luftfahrt herstellt. Als er 58 war, wurde er im Zuge einer Umstrukturierung zum Key Account Manager heruntergestuft. Seine Sekretärin musste er sich mit einem neuen Chef teilen, einem karrierebewussten Enddreißiger. Ein Jahr später musste er die Sekretärin ebenso wie sein Einzelbüro ganz seinem Chef überlassen. Fortan teilte er sich einen Raum mit drei weiteren Vertriebskollegen.

Kurz vor seinem 60. Geburtstag kam er morgens in dieses Büro und traf dort seinen Chef, der gerade seinen Bürostuhl – einen komfortablen »Chefsessel« – aus der Tür schob. »Sie brauchen den doch nicht mehr«, sagte sein Chef lapidar. Walter reichte noch in derselben Woche seinen Antrag auf Altersteilzeit ein. Zwei Jahre lang machte er noch »Dienst nach

Vorschrift«, er hatte innerlich gekündigt. Dann verließ er auf-
atmend das Unternehmen, für das er 33 Jahre lang gearbeitet
hatte.

Angst vor dem Jobverlust

Ob Sie nun die Konkurrenz durch Jüngere fürchten oder die
allmähliche Demontage, im Kern steckt dahinter die Angst
vor der Arbeitslosigkeit, der Ausweglosigkeit. Noch vor
zwanzig Jahren wusste man, dass einem mit 50 eigentlich
nichts mehr passieren konnte. Ältere Mitarbeiter waren faktisch unkündbar. Sie gingen allenfalls in Frührente oder nutz-
ten die komfortable »58er-Regel«, die einem nach zwei Jahren Arbeitslosigkeit eine vergleichsweise üppige Rente
sicherte. Diese Regel gibt es nicht mehr und bei Frühverren-
tungen schauen die Sozialversicherungsträger heute ganz genau hin. Wer früher in Rente geht, muss noch dazu mit spür-
baren Rentenkürzungen rechnen.

Gleichzeitig knackten die Unternehmen den Kündigungsschutz für ältere Mitarbeiter. Heute werden Unternehmen in
einzelne Teile zerlegt. Für neue attraktive Produkte und
Märkte wird eine neue Teilgesellschaft gegründet, die junge,
qualifizierte Mitarbeiter neu einstellt und die Leistungsträger
aus dem alten Unternehmen zu sich zieht. Zurück bleibt eine
Rumpfabteilung mit den älteren und den weniger produkti-
ven Mitarbeitern, die nach und nach austrocknet, bis sie wegen fehlender Auslastung oder mangelnden Erfolgs ganz geschlossen wird. Das ist ganz legal. Das kann kein Betriebsrat
verhindern. Das erhöht die Gefahr der Arbeitslosigkeit für
Arbeitnehmer in der Lebensmitte deutlich. Sie können es jeden Tag in der Zeitung lesen: Hier wird ein Werk nach Ost-
europa verlagert, dort ein Standort ganz aufgegeben. Hier
werden 200 Mitarbeiter »abgebaut«, dort 2000. Die Angst
vor dem Jobverlust ist also durchaus begründet.

Diese Ängste sind da. Sie sind realistisch. Und sie zeigen die Schattenseite des beruflichen Weges jenseits der 50. Es gibt aber auch noch eine andere Seite, eine, die wesentlich sonniger ist. Die sollten Sie mindestens genauso aufmerksam und realistisch betrachten. Denn Sie haben einiges zu bieten, das die Jüngeren so nicht bieten können.

Ihre Stärke: Netzwerk, Kontakte, Schlupfwinkel

Wenn Sie schon seit vielen Jahren im Unternehmen arbeiten, ist vieles für Sie so selbstverständlich geworden, dass Ihnen vielleicht gar nicht bewusst ist, wie gut Sie Bescheid wissen. Sie kennen Ihr Unternehmen durch und durch. Sie kennen nicht nur die formale Organisationsstruktur, die sich neuerdings ohnehin ständig wandelt, sondern auch die informelle. Und die ist in kritischen Situationen entscheidend. Natürlich kennen Sie den Dienstweg genau. Aber Sie kennen auch den »kleinen Dienstweg«, die Abkürzungen, die in keinem Organigramm zu finden sind. Sie wissen, wer was wo wie macht, auf wen man bauen kann und auf wen nicht. Sie wissen, an wen Sie sich wenden müssen, wenn etwas schnell gehen muss. Oder wenn etwas besonders heikel ist.

Sie kennen die Meinungsbildner im Unternehmen und wissen, auf wen die anderen hören, selbst wenn er nicht die entsprechende hierarchische Position hat. Sie kennen alle ungeschriebenen Gesetze und informellen Regeln. Sie wissen, wen man mit Samthandschuhen anfassen muss, bei wem Vertrauliches sicher aufgehoben ist und wem Sie etwas ins Ohr flüstern müssen, wenn Sie wollen, dass es jeder erfährt.

Mit diesem in jahrelanger Erfahrung gesammelten Wissen haben Sie einen Heimvorteil gegenüber allen Neuankömmlingen im Unternehmen. Wenn Sie wollten, könnten Sie einen jungen Konkurrenten ganz schön auflaufen lassen. Nicht, dass Sie das tun sollten.

Und das ist noch nicht alles. Je nachdem, in welcher Funktion Sie tätig sind, haben Sie auch außerhalb des Unternehmens Kontakte, die jahrelang gewachsen und gediehen sind. Erfahrene Einkäufer kennen den Beschaffungsmarkt durch und durch, sie wissen, von wem man was am besten bekommt und bei wem man wie viel heraushandeln kann. Altgediente Außendienstler haben zu ihren Kunden vertrauensvolle und stabile Beziehungen aufgebaut. Sie kennen das Geschäft und die Bedürfnisse ihrer Kunden so gut wie die ihres eigenen Arbeitgebers. Sie haben so viele Probleme für ihre Kunden gelöst, dass diese nicht dem Lieferantenunternehmen, sondern »ihrem« Außendienst-Betreuer treu bleiben und sogar Preiserhöhungen oder Lieferengpässe akzeptieren, bei denen Neukunden längst abgesprungen wären. Das ist wertvolles Kapital. Für Sie persönlich und für Ihr Unternehmen.

Ihre Stärke: Mehr Überblick

Sie haben im Laufe Ihres Berufslebens viel erlebt und viele Herausforderungen gemeistert. Das hilft Ihnen dabei, in kritischen Situationen den Überblick zu behalten. Wir erleben heute raschen Wandel und eine nie gekannte Komplexität. Es gibt so viele Einflüsse und so viele Verknüpfungen, die das Unternehmen berücksichtigen muss. Die Zeit der einfachen Ursache-Wirkungs-Beziehungen – nach dem Schema »*Wir senken einfach den Preis, dann kaufen die Leute wie verrückt*« – ist vorbei.

Sie wissen, dass einfache Lösungen zwar oft auf den ersten Blick einleuchtend, auf den zweiten aber trügerisch sind. Dass der kürzeste Weg sich oft als Sackgasse erweist. Dass es nie den einen Knopf gibt, den man nur drücken muss, damit alles funktioniert. Sie kennen die »reale Welt« und ihre Komplexität und wissen, dass man sie in aller Regel nicht mit einer PowerPoint-Präsentation einfangen und bewältigen kann. Dass selbst das schönste Modell eben immer nur ein Modell ist und die Wirklichkeit bestenfalls ausschnittweise und grob vereinfachend wiedergibt.

Diese Erkenntnis gewinnt man nicht in der Schule, das lernt man auch nicht an der Universität. Das lernt man nur im Laufe der Zeit durch Erfahrung. Auch das haben Sie den Jungen voraus.

Ihre Stärke: Mehr Nachhaltigkeit und Loyalität

Ein Unternehmen, dem Sie so viele Jahre Ihres Lebens gegeben und so viel Energie gewidmet haben, kann Ihnen nicht gleichgültig sein. Viele ältere Mitarbeiter fühlen sich emotional stark ans Unternehmen gebunden und stehen loyal zu ihm, selbst wenn es nicht mehr so gut läuft. Für Sie ist ein Arbeitsvertrag eben nicht nur irgendein Deal. Sie vertreten die Interessen Ihres Unternehmens aufrichtig und springen nicht bei der nächsten Krise ab. Geben Sie ruhig zu, dass das auch daran liegt, dass Sie nicht mehr so viele Chancen für einen Neuanfang woanders sehen. Aber das ist es nicht allein.

Weil Sie emotional engagiert und loyal sind, handeln Sie auch nicht nur zu Ihrem eigenen Vorteil. Sie treffen Entscheidungen nicht mehr allein danach, ob Sie damit glänzen können und Ihre Karriere vorantreiben. Sie denken nachhaltiger. Sie nehmen auch mal in Kauf, vorübergehend schlechter dazustehen als die Konkurrenz, wenn Sie wissen, dass es langfristig gut für Ihr Unternehmen ist. Damit sind Sie gerade in Krisenzeiten als Mitarbeiter oder Führungskraft wertvoller und wichtiger für Ihr Unternehmen als so mancher junge Kollege, der innerlich bereits auf dem Absprung ist.

Diese Stärken mögen Ihnen nicht besonders glanzvoll erscheinen. Aber sie tragen dazu bei, Ihr Unternehmen stark zu machen. So manches Unternehmen entdeckt diese Stärken gerade – wenn auch nicht immer ganz freiwillig. Walter, dessen

Demontage ich Ihnen vorhin geschildert habe, gibt dafür ein glänzendes Beispiel ab:

Nach seinem 60. Geburtstag arbeitete er zwei Jahre lang in Vollzeit weiter und ging mit 62 in den arbeitsfreien Teil der Altersteilzeit. Kaum vier Monate später klingelte bei ihm das Telefon. Sein ehemaliger Chef war dran. Diesmal war er ungewohnt freundlich, denn er wollte etwas: Da war ein wichtiger Kunde, zu dem er den als Ersatz für Walter neu eingestellten Jung-Außendienstler geschickt hatte. Der erste Besuch war ein Fiasko geworden. Der Kunde hatte angerufen und gesagt, den jungen Mann bräuchte man nicht mehr zu schicken, der hätte von Tuten und Blasen keine Ahnung und man habe wirklich keine Zeit, ihn einzuarbeiten. Ob Walter P. wohl diesen Kunden wieder betreuen könnte? Wenigstens vorübergehend? Natürlich gegen Abrechnung eines Stundensatzes. Der Neurentner willigte ein. Das war der Beginn einer überraschenden zweiten Karriere. Heute ist er 68 und betreut vier Kundenunternehmen für seine ehemalige Firma. Die Arbeit macht ihm wieder so viel Freude wie in seinen besten Jahren, er genießt die Wertschätzung, die man ihm innerhalb des Unternehmens und von Seiten seiner Kunden entgegenbringt, und er verdient gutes Geld, das seinen Lebensstandard als Rentner spürbar erhöht.

So halten Sie sich attraktiv für Ihr Unternehmen – oder ein anderes

Das Beispiel von Walter zeigt, dass man auch kurz vor und sogar nach Erreichen des Rentenalters noch ein geschätzter und begehrter Mitarbeiter sein kann. Sicher, das ist nicht der Regelfall. In den Unternehmen, die ich berate, erlebe ich meist ein gewisses Unbehagen, wenn der Altersdurchschnitt in einer Abteilung oder in einem Werk jenseits der 50 liegt.

Das ist aus meiner Sicht auch durchaus verständlich. Ein Unternehmensteil, dessen Mitarbeiter absehbar in den nächsten zehn Jahren das Unternehmen verlassen werden, ist schließlich nicht zukunftsfähig. Wahrscheinlich ist er schon lange vorher nicht mehr besonders leistungsfähig. Denn natürlich gibt es Menschen, deren Leistungskurve in den Jahren vor der Rente erkennbar nach unten zeigt. Menschen, die nicht mehr wollen oder einfach nicht mehr können. Das passiert unglücklicherweise auch noch in der Phase, in der sie aufgrund ihres Alters ein vergleichsweise hohes Gehalt beziehen. Ich kann gut nachvollziehen und Sie sicher auch, dass das Management versucht, solche Unternehmensbereiche zu »verjüngen«. Die Methoden, die dabei angewandt werden, sind manchmal allerdings ziemlich rüde.

Nüchtern betrachtet können Sie sich heute nicht mehr darauf verlassen, aufgrund Ihres Alters per se vor Kündigungen geschützt zu sein. Aber, auch das sehe ich immer wieder: In jedem Unternehmen gibt es einzelne ältere Mitarbeiter und Führungskräfte, die als unverzichtbar gelten: »*Ohne den geht es einfach nicht.*« Von diesen Fach- und Führungskräften trennt man sich nicht, nicht einmal dann, wenn der komplette Bereich dichtgemacht wird. Es hängt eben doch von Ihnen persönlich ab. Siegfried A. ist ein Beispiel für eine »Sonderlösung«:

Siegfried arbeitete in einem Unternehmen, das ich berate, als Controllingleiter. Er war seit 25 Jahren dabei und ein wirklich ausgewiesener Profi, der alles perfekt im Griff hatte. Seine Zahlen stimmten immer, er hatte stets jedes Detail parat und war absolut integer und verlässlich. Dann wurde das Unternehmen von einer englischen Gesellschaft gekauft, die entschied, das komplette Finanzwesen und Controlling wegen der Kostenersparnis an einen externen Dienstleister auszulagern.

Von den 20 Mitarbeitern der Abteilung wurden elf von diesem Finanzdienstleister übernommen, die übrigen neun entlassen. Siegfried war zu diesem Zeitpunkt bereits 58 Jahre alt und damit der Älteste in seiner Abteilung. Rein rechtlich hätte man ihn problemlos entlassen können. Das aber kam für die Unternehmensleitung nicht infrage. »Wir brauchen ihn unbedingt als Brückenkopf und Koordinator«, sagte der Geschäftsführer. Irgendjemand müsse schließlich dafür sorgen, dass die Zusammenarbeit mit den Externen läuft und dass das Unternehmen an die Geschäftsführung und die Muttergesellschaft regelmäßig, vollständig und korrekt berichten kann. Das könne nur Siegfried machen. Sein Job ist ihm bis zum Rentenantritt sicher.

Das ist das Spannungsfeld, in dem Sie Ihre weitere berufliche Reise antreten werden: Einerseits die durchaus reale Bedrohung durch die Konkurrenz der Jungen, die allmähliche Demontage bis hin zur Arbeitslosigkeit. Andererseits das besondere Know-how, das nur Ältere haben können, und die ebenso reale Wertschätzung, die bestimmten erfahrenen Mitarbeitern gilt, die ihnen ihren Job sogar dann erhält, wenn alle anderen wegfallen.

Letztlich ist das auch die Aufgabe, der Sie sich stellen müssen: Sie selbst müssen und können dafür sorgen, dass Sie wertvoll für Ihr Unternehmen sind und bleiben und dass dies auch von den richtigen Leuten bemerkt wird. Ich weiß, dass das vielen Menschen, und zwar gerade denen, die in ihrer Lebensmitte stehen, unangenehm ist. Es klingt so herzloskapitalistisch nach »sich verkaufen« oder gar »seine Seele verkaufen«. Doch realistisch betrachtet verkaufen Sie ja wirklich etwas, nämlich Ihre Arbeitskraft. Ihr Gehalt steht Ihnen nicht zu, weil Sie sympathisch sind oder weil Sie es brauchen. Sie bekommen es als Gegenleistung für den Nutzen, den Sie für das Unternehmen generieren. Also müssen Sie dafür sorgen, dass dieser Nutzen stimmt und dass Ihr Beitrag zum Unternehmenserfolg allgemein bekannt wird. Wer sonst sollte das für Sie tun?

»Become employable than being employed.« – So lautet im Englischen ein Wortspiel, das diese Erkenntnis wunderbar auf den Punkt bringt: Sie sollten sich weniger Gedanken darum machen, wie Sie sich in Ihrem Job so verschanzen können, dass die Kündigung Sie möglichst spät ereilt, sondern mehr darum, wie Sie sich so attraktiv wie möglich machen, sodass man Sie mit Ihrem geballten Know-how haben und behalten will.

Doch wie geht das? Wie werden Sie einer derjenigen, auf die man nicht verzichten will, wie schaffen Sie es zur sogenannten Schlüsselperson zu werden, zum »must stay«-Mitarbeiter? Diese Unterteilung wird in Krisenzeiten in Unternehmen ja tatsächlich gemacht: must go, should go, should stay, must stay. Was können Sie tun, um sich als Arbeitskraft so attraktiv zu machen, dass Ihr Unternehmen Sie in jedem Fall behalten will – oder dass auch andere Unternehmen gerne möchten, dass Sie für sie arbeiten? Meiner Erfahrung nach haben Sie vier Stellschrauben, mit denen Sie Ihre Stellung im Unternehmen beeinflussen können:

Stellschraube 1: Halten Sie sich körperlich und mental fit

Das ist Ihr erste und wichtigste Aufgabe. Sie selbst müssen dafür sorgen, dass Sie durch die richtige Ernährung, Sport und Entspannung körperlich leistungsfähig bleiben. Sie müssen sich die Freiräume schaffen, die Sie für sich und Ihr seelisches Gleichgewicht brauchen. Pflegen Sie Ihre sozialen Kontakte und sorgen Sie dafür, dass Ihre Beziehungen tragfähig sind.

Das klingt zwar nach reiner Privatsache, ist es aber nicht. Wenn Sie Ihren Körper nicht pfleglich behandeln, sich keine Freiräume gönnen und kaum soziale Kontakte haben, geraten Sie aus dem Gleichgewicht und verlieren Ihre Leistungskraft.

Ich treffe immer wieder Menschen um die 50, die zehn Jahre älter wirken – müde, lustlos und verbraucht. Sie haben eine negative Sicht auf die Welt, sind verbittert wegen tatsächlich oder vermeintlich erlittener Ungerechtigkeiten und sehen für die Zukunft nur noch schwarz. Diese Menschen leiden. Und sie suchen die Schuld für dieses Leiden bei den anderen. Ihren eigenen Anteil daran sehen sie dabei nicht.

Körperliche und mentale Energielosigkeit sind aber gerade in dieser Lebensphase noch keine unvermeidliche Alterserscheinung und auch nicht die Schuld böswilliger Dritter. Sie sind sehr häufig schlicht die Folge unzureichender Wertschätzung und Achtung sich selbst gegenüber.

Stellschraube 2: Bauen Sie Ihre Kompetenz laufend aus

»In meinem Alter brauche ich das nicht mehr zu lernen.« Oder: »Das ist doch nur wieder so ein modischer Firlefanz. Mit so etwas braucht mir doch keiner mehr zu kommen. Das geht schnell wieder vorbei.« Solche Aussagen höre ich öfter in meinen Coaching-Gesprächen mit Mitarbeitern jenseits der 50. Ich warne aber eindringlich davor, die dahinter stehende Einstellung zu übernehmen: Hören Sie nie auf zu lernen. Denn sonst sortieren Sie sich selbst zum alten Eisen. Egal wie gut und wie erfahren Sie sind, es gibt immer wieder neue Erkenntnisse, neue Methoden, neue Ansätze. Manche davon mögen tatsächlich überwiegend aus heißer Luft bestehen. Andere sind wirklich innovativ und ausgesprochen erfolgreich. Es geht nicht darum, ungeprüft alles zu übernehmen und jeden Trend mitzumachen. Aber sich dafür interessieren und darüber informieren, das sollten Sie schon. Probieren Sie aus, was nützlich sein könnte. Verweigern Sie sich der neuen Software oder den neuen Abläufen nicht, nur weil Sie finden, es gehe doch auch so und Neues zu lernen lohne sich nicht mehr. Denn genau diese Einstellung ist es, die

Sie alt wirken lässt, Sie zum Bremser deklariert und für Ihr Unternehmen unattraktiv macht.

So wie es Ihre Verantwortung ist, sich körperlich und mental fit zu halten, muss es auch Ihr ureigenes Anliegen sein, sich fachlich weiterzubilden und auf dem Laufenden zu halten. Wenn es in Ihrem Unternehmen Weiterbildungskonzepte speziell für ältere Mitarbeiter gibt, sollten Sie diese unbedingt nutzen. Ansonsten informieren Sie sich, was es auf dem externen Markt gibt. Sie wissen nie, wie wichtig es noch für Sie werden kann, auf der Höhe der Zeit zu sein. Halten Sie Ausschau nach Entwicklungsmöglichkeiten. Stecken Sie nicht den Kopf in den Sand, wenn Sie Probleme auf sich und Ihre Abteilung zukommen sehen, sondern überlegen Sie, wie Sie sich darauf am besten vorbereiten können.

Ich lernte Gerhard C. kennen, als ich in einem großen Unternehmen der IT-Branche ein Weiterbildungsprojekt für Personalleiter begleitete. Begonnen wurde mit einem Workshop zur sogenannten Kurskorrektur: Die Personalleiter der einzelnen Bereiche sollten selbst ihre Ist-Situation beschreiben und reflektieren sowie Weiterentwicklungsmöglichkeiten für sich erarbeiten und aufzeigen. Gerhard, 49, seit 16 Jahren im Unternehmen, war einer der Personalleiter, die ihre Ideen anschließend mit dem Geschäftsführer der Personalabteilung besprachen. Er hatte erkannt, dass in nicht allzu ferner Zukunft vermutlich ein Großteil der Personalarbeit in diesem Unternehmen outgesourct werden würde. Er überlegte sich, dass dann aber jemand da sein müsse, der Bescheid weiß und als Gesprächspartner für den externen Personaldienstleister zur Verfügung steht. Also bat er den Geschäftsführer darum, ihm eine Fortbildung im Projektmanagement, konkret in SAP R 3 für Personalprozesse, zu genehmigen. Er bekam sie. Eineinhalb Jahre später wurde tatsächlich mit dem Personalabbau und dem Outsourcing begonnen. Gerhard blieb fast bis zum Schluss, weil er wie geplant als Kontaktmann fun-

gierte. Dann aber erhielt auch er einen Auflösungsvertrag mit Abfindung.

Er war nun Anfang 50 und bekam auf seine Bewerbungen nur Absagen. Bis er in die Datenbank eines Spezialanbieters für Interimsmanagement aufgenommen wurde. Mit seinen SAP R 3-Kenntnissen und seinen Erfahrungen in Sachen Outsourcing-Abwicklung sei er ein gefragter Spezialist, sagte man ihm. Nach zwei Monaten bekam er seinen ersten Auftrag als Interimsmanager, der ihn für ein Jahr beschäftigen sollte. Inzwischen ist ein Folgeauftrag in Aussicht.

Gerhard hatte in weiser Voraussicht in die richtige, weil derzeit sehr gefragte Weiterbildung investiert. Natürlich wäre es ihm lieber gewesen, er hätte seinen ursprünglichen Job behalten können. Aber er hatte sein Augenmerk nicht darauf gerichtet, »employed« zu bleiben, sondern darauf, sich »employable« zu halten bzw. zu machen. Das hat sich für ihn gelohnt.

Stellschraube 3: Kommunizieren Sie aktiv

Die über Fünfzigjährigen sind noch stark von den Erziehungsmaximen vergangener Zeiten geprägt. »*Kinder darf man nur sehen, nicht hören*«, hieß es zuerst und dann »*Nur der Esel nennt sich immer zuerst*« und »*Eigenlob stinkt*«. Das haben viele so verinnerlicht, dass sie auch heute noch finden, es sei unfein und aufdringlich, auf die eigene Leistung hinzuweisen. Sie meinen, gute Leistungen sprächen für sich selbst. Das stimmt aber leider nicht.

Zum einen passiert täglich so viel, dass Sie von anderen gar nicht erwarten können, dass sie ganz genau hinsehen, um zu entdecken, was Sie alles getan haben. Zum anderen haben andere aus ganz verständlichen Gründen kein Interesse daran, Sie glänzen zu lassen. Die einen, weil sie lieber selbst glänzen wollen. Die anderen, z. B. auch Ihr Chef, weil sie froh sind, wenn da jemand seine Arbeit gut macht. Den so zu loben, dass er am Ende noch befördert oder woandershin versetzt wird, wäre ja dumm. So tüchtige und unaufdringliche Zeitgenossen werden als »Arbeitstiere« durchaus geschätzt. Sie sind aber keineswegs die Ersten, an die man denkt, wenn es um interessante neue Aufgaben oder Karriereschritte geht.

Also: Wenn Sie wollen, dass jemand bemerkt, was Sie leisten und dass Sie eigentlich noch mehr könnten, müssen Sie das selbst kommunizieren. Sprechen Sie Ihren Chef oder notfalls auch seinen Chef darauf an, wenn Sie bei der neuen Projektgruppe dabei sein wollen. Sagen Sie deutlich, was Sie können, warum Sie nützlich für die neue Gruppe sein könnten und dass Sie da mitmachen wollen. Wenn Sie nicht die Initiative ergreifen, wird es jemand anderes tun – für sich selbst.

Offen kommunizieren sollten Sie aber auch, wenn etwas schiefläuft. Die Lebensmitte ist auch im Privatleben nicht immer sehr beschaulich. Vielmehr gibt es häufig Brüche, Umbrüche oder gar Schicksalsschläge. Sei es, dass die groß gewordenen Kinder nicht so recht Fuß fassen können im Leben, dass die Ehe auseinandergeht oder ein betagter Elternteil zum Pflegefall wird. Solche privaten Probleme können sehr belastend sein und einen an die eigenen Grenzen bringen.

Die Generation 50 plus ist ja auch noch so erzogen worden, dass man Probleme mit sich selbst ausmacht und nicht nach außen trägt, schon gar nicht zu seinem Chef. Aber das ist falsch. Ihr Chef und auch Ihre Kollegen werden merken, dass Sie nicht mehr voll dabei sind. Aber sie werden nicht wissen, warum. Es gibt zwar einfühlsame und aufmerksame Führungskräfte, die feststellen, dass da etwas nicht stimmt, und von sich aus nachfragen. Das sind aber Ausnahmen. Die meisten Vorgesetzten machen sich nicht allzu viele Gedanken über das Privatleben und die Befindlichkeit ihrer Mitarbeiter – auch deswegen nicht, weil sie bei dem heute herrschenden Arbeits- und Leistungsdruck gar keine Zeit und Energie dafür haben.

Dann wird schnell das Urteil über Sie gesprochen: »*Die ist auch nicht mehr das, was sie mal war*«, heißt es dann oder: »*Der hat keinen Biss mehr.*« Vielleicht gibt Ihnen Ihr Chef noch eine Chance, beruft Sie in eine Projektgruppe oder einen Arbeitskreis.

Für Sie ist das nur eine weitere Belastung, die Sie durchstehen müssen. Für die anderen ist es der endgültige Beweis: »*Ich habe ihr noch eine Chance gegeben, aber sie hat sie nicht genutzt.*«

Wenn Sie mit privaten Problemen zu kämpfen haben und diese Ihre Leistungsfähigkeit mindern, sollten Sie unbedingt das Gespräch mit Ihrem Vorgesetzten suchen. Erklären Sie die Situation, bitten Sie um Verständnis und um – vorübergehende – Entlastung. Dann weiß Ihr Chef, woran er ist, und dass es nicht das Alter, das Desinteresse, sondern ein akutes Problem ist, das Sie beeinträchtigt. Dann wird er Ihnen nicht ausgerechnet jetzt eine Sonderaufgabe aufbürden. Konzentrieren Sie sich darauf, das Problem zu lösen, und geben Sie anschließend wieder Gas im Job.

Stellschraube 4: Verstehen Sie die Jüngeren als Anregung

Schon in der Familie ist es nicht einfach, wenn Alt und Jung aufeinanderprallen. Im Unternehmen ist es das erst recht nicht. So mancher frischgebackene Universitätsabsolvent kommt mit einer »Hoppla, jetzt komme ich!«-Haltung in die Arbeit, die einen schon aufregen kann. Plötzlich wird alles infrage gestellt, was sich seit vielen Jahren bewährt hat, soll sich ein »alter Hase« vor so einem Neueinsteiger rechtfertigen, warum er dies oder jenes nicht so oder so mache. Gleichzeitig haben viele Junge wesentlich weniger Berührungsängste als die Etablierten. Sie sprechen den Geschäftsführer ganz ungeniert im Aufzug an und diskutieren in Arbeitskreisen auch ungefragt so intensiv mit, als müsste man auf ihre Meinung besonderen Wert legen.

Was einen besonders verbittern kann, ist, dass viele Unternehmen diesen Jungankömmlingen auch noch den roten Teppich ausrollen und hauptsächlich sie fördern. Für sie gibt es eigene Förderprogramme und Gesprächsrunden mit der Geschäftsleitung, in die andere frühestens nach zehn Jahren Unternehmenszugehörigkeit hineingekommen sind – wenn überhaupt.

Diese Gemengelage führt in vielen Unternehmen dazu, dass die Älteren die Jungen nicht als Kollegen, sondern als Feind ansehen. Sie fühlen sich von deren mitunter nassforschem Auftreten angegriffen und verschanzen sich abwehrend mit den Kollegen ihrer eigenen Altersgruppe. Das ist nicht nur schlecht fürs Betriebsklima, sondern auch für die Produktivität und damit letztlich für Ihre eigene berufliche Existenz. Außerdem nimmt es Ihnen die Freude an der Arbeit.

Aufgabe 5: Nehmen Sie sich Zeit und erinnern Sie sich an Ihren eigenen Berufsstart zurück
Die Zeiten waren früher anders und sicher sind Sie weniger selbstbewusst aufgetreten, als es heute die jungen Kollegen tun. Aber versuchen Sie, sich ganz bewusst zu erinnern und Bilder aufzurufen, was Sie vor dreißig Jahren bewegt hat, wie Sie sich gegeben haben: Mit welchen Erwartungen haben Sie Ihre erste Stelle angetreten? Welche Hoffnungen hatten Sie? Wovon haben Sie geträumt, welche Wünsche wollten Sie sich erfüllen? Wie sind Sie mit Ihrem Chef ausgekommen? Wie mit Ihren Kollegen? Was hat Sie an diesen am meisten gestört? Wofür waren Sie dankbar?

Wenn Sie Ihr »jüngeres Selbst« wieder wachrufen und dabeihaben, wird Ihnen der Umgang mit den jungen Kollegen von heute nicht mehr so schwerfallen. Sie mögen andere Träume haben, aber diese sind genauso berechtigt, wie es Ihre waren.

Bemühen Sie sich um eine akzeptierende Haltung den Jungen gegenüber. Versuchen Sie, weder feindselig noch betont kumpelhaft zu sein. Sie haben es weder nötig, die Jungen zu bekämpfen, noch, sich bei ihnen anzubiedern (das klappt ohnehin nicht). Auch den »Guter-Onkel-Ton« nach dem Motto *»Jaja, du wirst es auch noch lernen«* sollten Sie sich verkneifen. Sehen Sie die jungen Kollegen als das, was sie sind: als Kollegen mit ihren Stärken und Schwächen.

Es mag paradox klingen, denn es gibt auch viel, was Sie von den Jungen lernen können. Und zwar genau das, was andere so aufregt. Die Jungen haben oft eine herzerfrischende Trial-and-Error-Mentalität. Sie probieren unbekümmert Dinge aus, die Sie niemals tun würden, weil sie ohnehin nicht funktionieren. Aber wer weiß? Gegebenheiten ändern sich und vielleicht funktioniert manches ja doch. Vielleicht findet jemand, der völlig unbelastet an ein Problem herangeht, weil er keine Ahnung davon hat, ja genau deswegen eine verblüffend einfache Lösung. Vielleicht stellt jemand aus lauter Unwissenheit genau die richtigen Fragen.

Sie können von der Frische und Unbekümmertheit der Jungen lernen. Sie kann Ihnen helfen, Dinge infrage zu stellen, Sichtweisen und Methoden zu überprüfen und neuartige Lösungen zu finden. Gerade die Kombination aus jugendlichem Herumprobieren und erfahrenem Ausgleichen und Absichern kann am Ende zu hervorragenden Arbeitsergebnissen führen. Wenn Sie sich darum bemühen, werden Sie mit einem altersgemischten Team erfolgreicher sein, als Sie es vorher waren.

Natürlich gibt es auch Fälle, in denen junge Karrieristen sich bewusst zulasten der altgedienten Mitarbeiter profilieren wollen. Meiner Erfahrung nach ist das aber eher selten. Meist steckt hinter unangemessenem, selbst rüdem Verhalten eine tiefe Unsicherheit. Wenn man jung ist, weiß man eben vieles noch nicht, möchte alles richtig machen und landet dabei in einem Fettnapf nach dem anderen. Junge Menschen reagieren oft sehr sensibel auf Bevormundung oder was sie dafür halten, sind dafür aber dankbar für echte Unterstützung.

Ich empfehle Ihnen daher: Seien Sie großzügig im Umgang mit den jungen Kollegen. Sehen Sie über den einen oder anderen Fauxpas hinweg, beziehen Sie sie in Ihre Arbeit ein und geben Sie ihnen auch einmal Gelegenheit, vor den anderen zu glänzen. Sie verlieren nichts, wenn die junge Kollegin die Ergebnisse Ihrer Arbeitsgruppe präsentieren darf. Sie beide können dabei aber viel gewinnen.

Sie hassen Ihren Job?
Es gibt Wege, ihn zu ändern!

Einen Job zu haben und nicht akut von der Entlassung bedroht zu sein mag beruhigend sein. Glücklich macht es nicht unbedingt. Allzu oft führt die einst aufstrebende Karriere in eine Sackgasse, erstarrt die einst durchaus interessante Arbeit in langweiliger Routine oder in hektischer Getriebenheit durch die ständig steigenden Anforderungen der Arbeitswelt.

Sie sind in Ihrer Lebensmitte. Sie sind realistisch genug, um zu wissen, dass Ihr beruflicher Weg nicht mehr nur steil nach oben führen wird. Das muss auch gar nicht schlimm sein. Es kann aber schlimm werden, wenn Sie unzufrieden sind, die Arbeit Ihnen keine Freude mehr macht und Sie sich systematisch über- oder unterfordert fühlen. Denn dann beginnen Sie, an Ihrer Arbeit zu leiden.

Filtern Sie die echten Knackpunkte heraus

Menschen, die zutiefst unzufrieden mit ihrer Arbeit sind, erkenne ich sofort, wenn ich ihnen im Rahmen meiner Arbeit begegne: Sie erscheinen so kraftlos und desillusioniert. Ihre Gesichtszüge wirken schlaff, ihre Augen stumpf und sie strahlen wenig Lebensfreude aus. Sie haben keine Träume und Hoffnungen mehr. Wenn überhaupt, dann glimmt in ihnen nur die diffuse Hoffnung, sie mögen in ihrem ungeliebten Job irgendwie bis zur Rente »durchkommen«. Sie versuchen, sich durchzumogeln, nur ja nicht aufzufallen, wollen im Strom mitschwimmen und bremsen sich dabei selbst aus. Das Dumme ist nur: Genau damit fallen sie auf – und zwar negativ!

Erstaunlicherweise merken die Betroffenen selbst oft sehr spät, in welcher Negativspirale sie stecken. Das liegt daran, dass die Unzufriedenheit sich ganz allmählich einschleicht und dass man ihre Symptome nicht sofort als solche erkennt.

Oft beginnt es mit unspezifischen Symptomen wie Abgeschlagenheit, Müdigkeit, Appetitlosigkeit. Oder, im Gegenteil, manche verspüren eine vorher nicht gekannte Gier nach Essen. Sie schlafen schlechter, das morgendliche Frühaufstehen fällt schwerer, die Reisen und die langen Sitzungen strengen mehr an als früher. Sie geben sich nicht mehr so viel Mühe mit dem Äußeren – der alte Anzug tut es schon noch und der Friseurbesuch kann auch noch auf nächste oder übernächste Woche verschoben werden. Nach und nach kommen weitere körperliche Symptome dazu: Magenschmerzen, Kopfschmerzen, Herzrasen, Rückenschmerzen. Das alles sind bereits Warnsignale, die Körper und Psyche Ihnen senden.

Wenn Sie diese ignorieren und weitermachen wie vorher, wird es nur noch schlimmer. Die Kopfschmerzen werden chronisch, das Herzrasen entwickelt sich zu handfesten Herzrhythmusstörungen, die Rückenschmerzen münden in einen Bandscheibenvorfall. Machen Sie sich nichts vor: Was sich da körperlich ausdrückt, ist Ihr psychisches Befinden. Offenbar fällt es vielen Menschen schwer, das zu akzeptieren. Selbst bei gravierenden medizinischen Befunden erlebe ich, dass die Betroffenen sie nicht als Warnsignale erkennen möchten, sondern sich noch einlullen. *»Ja, das ist schon schlimm, aber man wird halt einfach älter«*, heißt es dann. Und: *»Die anderen haben auch Probleme.«*

Als ob es neben den rein körperlichen Symptomen nicht genug andere gäbe. Welche, die mit Ihrer »inneren Hygiene« und Ihrem Sozialverhalten zu tun haben. Mit »innerer Hygiene« meine ich Ihre Einstellung zur und Ihre Sicht auf die Welt. Ertappen Sie sich zunehmend bei negativen Gedanken? Finden Sie nicht allgemein, die Welt habe sich zum Schlechteren verändert? Jagt schließlich nicht eine Hiobsbotschaft aus Umwelt, Politik und Wirtschaft die andere? Die Politiker lügen doch alle, die Manager sind korrupt und überhaupt kann man niemandem mehr vertrauen. Wenn die Lage so düster ist, ist es ja kein Wunder, dass Sie sich nicht mehr wohlfühlen.

Und Ihre Freunde? Meldet sich da noch einer von selbst? Gehen Ihnen Kollegen, mit denen Sie immer mal einen kleinen Plausch gehalten haben, eher aus dem Weg? Neulich hat sogar einer gesagt: *»Was ist denn mit dir los? Du hast dich aber verändert!«* Vielleicht haben Sie ihn abgewimmelt und gesagt: *»So ein Unsinn. Ich bin, wie ich bin, und bisher hat das auch gereicht.«* Wenn der Chef Sie dann bei der nächsten Arbeitsgruppe nicht einbindet, liegt es eben an seiner typischen Ungerechtigkeit. Aber ehrlich: Auf den zusätzlichen Arbeitsaufwand wären Sie sowieso nicht scharf gewesen …

Wenn es so um Sie steht, dann müssen Ihnen die Warnsignale in den Ohren schrillen. Wenn nicht, läute ich jetzt die Alarmglocken für Sie! Machen Sie so nicht weiter, tun Sie sich das nicht an! Sie leiden an Ihrer Arbeit und Sie nehmen sich dadurch Ihre ganze Lebensfreude. Der Weg bis zur Rente ist noch zu lang, um ihn so lust- und energielos entlangzuschlurfen! Ihr Leben ist einfach zu kostbar dafür.

Außerdem sollten Sie sich nicht der Illusion hingeben, die anderen würden nicht merken, wie es um Sie steht. Bei der nächsten Rationalisierungswelle, wenn die Liste der »verzichtbaren Personen« (Must-go-Mitarbeiter) zusammengestellt wird, derer, die sich nicht mehr voll einbringen und deren Leistung für die Abteilung verzichtbar ist – was glauben Sie, wo Ihr Name dann stehen wird?

Wenn Ihre Arbeit Ihnen keine Freude mehr macht, sondern Sie nur noch auslaugt, dann ist es jetzt an der Zeit, herauszufinden, woran das liegt, und entsprechend zu handeln. Sie sind zwar nicht mehr jung, aber das heißt doch nicht, dass Sie nichts tun könnten, um Ihren Lebensweg zu ändern.

Also: Warum sind Sie unzufrieden? Was nimmt Ihnen die Freude an Ihrem Job?

Aufgabe 6: Schreiben Sie alles auf, was Sie an Ihrer Arbeit stört

1. *Notieren Sie erst einmal ganz ungeordnet alles, was Ihnen so einfällt: der rücksichtslose Chef, die nörgelige Kollegin, die langweilige Arbeit, die Menge der Arbeit, der Termindruck, die mangelnden Einflussmöglichkeiten ...*
2. *Überlegen Sie, was davon »nur« nervig ist und was richtig wehtut.*
3. *Filtern Sie heraus, was für Sie am schlimmsten ist, was Sie wirklich zutiefst beeinträchtigt. Das markieren Sie rot.*
   Das sind die Kernpunkte, an denen Sie als Erstes arbeiten sollten.

Meiner Erfahrung nach sind es vor allem drei Ursachen, die hier wirksam werden.

Überforderung

Immer mehr Menschen fühlen sich durch ihre Arbeit überfordert. Zum einen liegt dies an der schieren Menge an Arbeit, die selbst von einer fleißigen, qualifizierten und effizient arbeitenden Kraft nicht mehr bewältigt werden kann. Nach all den Verschlankungen und Rationalisierungen der letzten Jahre ist die Personaldecke in den meisten Unternehmen ohnehin dünn. Wenn dann noch jemand wegen Krankheit ausfällt oder ein großes neues Projekt an Land gezogen wird, werden die verbliebenen Mitarbeiter mit Arbeit überschüttet. Da helfen selbst die besten Zeitmanagement-Strategien nichts, denn egal, wie gut Sie Ihre Arbeit organisieren: Sie können gar nicht alles so schnell abarbeiten, wie es hereinkommt.

Zum anderen wird die Arbeit immer komplexer. Sie müssen sich mit immer mehr Stellen abstimmen, immer mehr Auswirkungen Ihrer Leistung bedenken, immer mehr Informationen in Ihre Entscheidungen einfließen lassen. Das kostet Kraft und zehrt an den Nerven.

Als wäre das noch nicht genug, ist die Verlässlichkeit Ihres Umfelds abhandengekommen. Die Vorgaben für Ihre Arbeit wandeln sich ständig. Gestern sollten Sie in erster Linie das Budget im Griff behalten, heute sollen Sie sich ausschließlich am Kunden orientieren, morgen steht dann die Erfüllung Ihrer Reporting-Pflichten im Vordergrund. Jedes Jahr, wenn nicht jedes Quartal, wird wieder eine neue Management-Erkenntnis im Unternehmen umgesetzt – bis Sie bei der Strategie des Tages angekommen sind. Was gestern richtig war, gilt heute nicht mehr. Egal wie gut Ihre Arbeit früher war, Sie müssen sich umorientieren, und zwar sehr schnell, wenn Sie auch heute gut sein und punkten wollen. Und morgen wieder, wenn Sie zukünftig mithalten wollen. Unabhängig davon, was Sie persönlich von diesen Änderungen halten und ob es Ihnen leichtfällt, mit diesem Zickzackkurs mitschwingen zu können.

Die chronische Überforderung, dieses Ständig-über-die eigene-Belastbarkeit-hinaus-getrieben-Werden führt, wenn Sie nichts für sich unternehmen, zunächst zu den oben genannten Symptomen und mündet früher oder später in eine innere Kündigung, in eine Krankheit, einen Burn-out.

Unterforderung

Auf den ersten Blick mag es wenig einleuchtend sein, aber chronische Unterforderung kann sich auf Ihr Wohlbefinden genauso verheerend auswirken wie Überforderung. Das erlebe ich in den letzten Jahren sogar verstärkt. Menschen leiden daran, dass ihre Arbeit sie nicht ausfüllt und nicht fordert. Sie haben rein quantitativ oft durchaus genug zu tun, aber sie haben das Gefühl, mit dem, was sie tun, qualitativ weit unter ihren Möglichkeiten zu bleiben. Sie könnten mehr und sie wollen mehr, aber das ist in ihrer Abteilung, in ihrem Unternehmen nicht gefragt. Sie beschreiben ihre Situation oft so: »*Niemand merkt, was ich weiß und was ich kann. Ich erledige hier nur ganz primitive Aufgaben und bekomme keinerlei Wertschätzung.*« Das zeigt auch folgender Fall aus meiner Beratungspraxis:

Für den Nachrichtentechniker Mario L. waren besonders die Montage schlimm. Das ganze Wochenende hatte er in seinem Nebenjob geschuftet, den er angenommen hatte, um seine Schulden abzahlen zu können. Wenn montags früh der Wecker klingelte, war er aber nicht nur müde. Er wusste auch, dass ihn kein schöner Tag erwartete. Mario hatte einige Semester studiert und dann eine Ausbildung zum Techniker gemacht. Er war fachlich eigentlich überqualifiziert für eine Stelle, die von den meisten seiner Kollegen, die als Quereinsteiger über Weiterbildungen in die Abteilung gerutscht waren, mit Mühe und Not ausgefüllt werden konnte. Er fand die Arbeit eher langweilig. Für seine Kollegen war er nur »der Schlaumeier«, mit dem keiner etwas zu tun haben wollte. Sein Chef war noch jung, unerfahren und konfliktscheu und versuchte, die Spannungen in der Abteilung zu ignorieren. Mario war also nicht nur unterfordert, sondern er wurde dafür auch noch abgestraft. »Ob ich da bin oder nicht, ist doch völlig unerheblich, mich vermisst ohnehin keiner«, dachte Mario. Mitunter war es so schlimm, dass er montags den Wecker ausstellte, erst einmal richtig ausschlief und dann seinen Hausarzt anrief. Der schrieb ihn dann krank, wegen Erkältungssymptomen, Rückenschmerzen oder chronischer Erschöpfung.

Diese Unterforderung kann genauso viel Stress verursachen wie Überforderung. Dann taumeln Sie nicht in den Burn-out, in ein Ausgebranntsein, sondern in den Bore-out (wörtlich: Ausgelangweiltsein): Sie sehen keinen Sinn mehr in Ihrer Arbeit und erledigen sie immer lustloser und desinteressierter. Sie versuchen, die endlos langen Tage irgendwie zu überstehen und nach außen unauffällig im Strom mitzuschwimmen. Die körperlichen Symptome sind meist die gleichen wie beim Burn-out. Auch Langeweile und Frustration können krank machen.

Besonders perfide ist es, wenn Burn-out und Bore-out zusammentreffen. Das erlebe ich gerade bei Mitarbeitern in sozialen Berufen, die zwar einen tiefen Sinn in ihrer Arbeit sehen, aber unter den oft ungünstigen Arbeitsbedingungen leiden: So kann beispielsweise ein Altenpfleger rein quantitativ komplett ausgelastet, ja sogar überlastet sein und den ganzen Tag von einem Pflegebett zum nächsten hetzen, während er sich eigentlich danach sehnt, mit den alten Menschen zu sprechen und therapeutisch mit ihnen zu arbeiten. So kann er in eine Kombination aus Burn-out und Bore-out schlittern – mit den bekannten psychischen und physischen Folgen.

Enttäuschte Erwartungen

Selbst Menschen, die in ihrer Arbeit im richtigen Maße gefordert werden, die ihre Arbeit eigentlich gerne machen, sind nicht gegen Unzufriedenheit gefeit. Oft sind es äußere Auslöser – eine verweigerte Beförderung ohne Begründung oder eine Umstrukturierung, die sie ihrer Einflussmöglichkeiten beraubt –, die aus zuvor hoch motivierten Fachkräften entmutigte und frustrierte Mitarbeiter machen. So ging es meiner Klientin Christine S.

Christine, 53, war Marketingleiterin der deutschen Niederlassung eines weltweit tätigen Unternehmens. Sie war seit 19 Jahren dabei und hatte mehrere Fachbereiche durchlaufen, bevor sie die Marketingleitung übernommen hatte. Das Unternehmen geriet in Turbulenzen, wurde umstrukturiert

und erhielt eine neue Geschäftsführung. Der neue Geschäfts-
führer schickte alle Führungskräfte durch ein Assessment
Center. Mit den Ergebnissen der meisten so Geprüften war er
nicht zufrieden. Mit denen von Christine dagegen sehr. Er er-
kannte, dass sie ihren Job souverän und reibungslos erledigte
und das Unternehmen von Grund auf kannte. Christine
wurde seine Vertrauensperson. Er bezeichnete sie als »Key
Playerin« und betonte mehrfach ihr gegenüber und auch ge-
genüber Dritten: »Was würde ich ohne Sie nur tun? Ohne Sie
wäre ich doch aufgeschmissen!«

Zwei Jahre später kaufte er ein Unternehmen dazu. Aus
strategischer Sicht eine sehr sinnvolle Lösung, das komplette
Management stand hinter der Entscheidung. Nur: Das ge-
kaufte Unternehmen hatte die gleichen Geschäftsleitungs-
funktionen auch besetzt; es gab also für jeden Posten plötzlich
eine zweite Besetzung. Aus den zwei Geschäftsleitungsteams
musste wieder eines gemacht werden, bis auf die Spitze, die
zukünftig aus zwei Geschäftsführern bestehen sollte. Erklär-
tes Ziel war es, dass die jeweils besten Führungskräfte das
Rennen machen sollten.

Das gekaufte Unternehmen hatte auch einen Marketing-
leiter. 37 Jahre alt, sportlich, braun gebrannt. Er fuhr einen
Sportwagen und hatte immer einen flotten Spruch parat.
Dass er seinen Job nur mit einem großen Budget und enormem
Einsatz externer Dienstleister erledigte, störte nicht, denn er
hatte ein sehr gutes Verhältnis zu seinem Geschäftsführer, der
ihn als seinen Ziehsohn sah.

Die beiden Geschäftsführer verhandelten über die Beset-
zung der Marketingleitung. Der eine setzte sich mit Nach-
druck für seinen »Ziehsohn« ein, der andere wollte sich vor
allem das Wohlwollen seines neuen Geschäftsführungskolle-
gen erhalten. Der Sportwagenfahrer bekam den Posten.

Diese Neuigkeit verbreitete sich rasend schnell im Unter-
nehmen. Christine erfuhr von ihrer Entmachtung über den
Flurfunk. Als sie, noch ungläubig, bei »ihrem« Geschäfts-

führer nachfragte, wurde sie kurz abgefertigt: »Ja, das stimmt. Es ging leider nicht anders.«

Der Fall von Christine ist sicher extrem. So radikal und schnell bekommt nicht jeder den Boden unter den Füßen weggezogen. Aber dass einem ein Jüngerer vorgezogen wird, einer, der einem zwar fachlich nicht das Wasser reichen, sich aber besser verkaufen kann, das ist keineswegs selten.

Warum wirken diese Ursachen gerade auf Menschen um die 50 so verheerend? Mit 30 hätten Sie sich noch selbstbewusst zu Wort gemeldet, wenn man Sie so sehr unter- oder überfordert oder enttäuscht hätte. Sie hätten gesagt, dass das so aber nicht in Ordnung sei bzw. dass Sie gehen würden, wenn das so weiterginge. Das aber trauen Sie sich heute nicht mehr zu. Sie wissen, dass Ihr Job genauso wenig sicher ist wie jeder andere. Richtig meckern konnten Sie nur aus einem Gefühl der Sicherheit heraus. Und einfach gehen? Das ist eben keineswegs einfach, wenn Sie doch genau wissen, dass Sie nicht so leicht einen neuen Job finden werden.

Im Fall der enttäuschten Erwartungen kommt erschwerend hinzu, dass Sie auf einmal Ihr ganzes Lebenskonstrukt infrage gestellt sehen. Christine brachte es gleich im ersten Gespräch mit mir auf den Punkt: *»Wofür habe ich mich all die Jahre so eingesetzt? All die Wochenenden durchgearbeitet? Ich war immer da, habe den Laden am Laufen gehalten. Ich war immer loyal und habe sogar Entscheidungen nach außen verteidigt, die ich selbst für falsch gehalten habe. Und was ist der Dank dafür? Ich werde fallen gelassen wie eine heiße Kartoffel.«*

Sie hatte geglaubt, was man ihr gesagt hatte: Dass sie wichtig, geradezu unentbehrlich für das Unternehmen sei. Entsprechend geschmeichelt – und auch verpflichtet – hatte sie sich gefühlt. Um dann von einem Tag auf den anderen »politischen« Interessen geopfert zu werden. Kein Wunder, dass dieser Schock tief sitzt und erst einmal verarbeitet werden muss.

Ja, Menschen werden heute in den meisten Unternehmen oft ge- und benutzt. Auf persönliche Sympathien, moralische Verpflichtungen oder gar Dankbarkeit dürfen Sie nicht zählen. Das ist schade. Andererseits kann es auf Sie auch moralisch entlastend wirken: Sie sind Ihrem Unternehmen nicht stärker verpflichtet als das Unternehmen Ihnen gegenüber. Wenn Ihr Unternehmen den Vertrag mit Ihnen wie einen Deal betrachtet, dann können Sie das guten Gewissens auch tun.

Vielleicht haben Sie sich in den Beschreibungen oder dem Beispiel auf den letzten Seiten wiedererkannt. Vielleicht wussten Sie auch vorher schon, woran Ihr Arbeitsleben krankt. Wie auch immer: Wissen und Erkennen allein genügen nicht.

So bringen Sie Bewegung in die Sache

Werkzeug 1: Abgleich des Fremdbildes mit dem Selbstbild
Als Erstes stelle ich Ihnen ein Diagnose-Werkzeug vor, das vor allem dann nützlich für Sie sein wird, wenn Sie das Gefühl haben, in Ihrem Unternehmen nicht richtig eingeschätzt zu werden. Vielleicht kennen Sie es schon als Instrument der Personalentwicklung, denn es gibt bereits etliche Unternehmen, die es einsetzen: das sogenannte 360-Grad-Feedback. Sie können dieses Instrument so abwandeln, dass es für Sie individuell passt und hilfreich wird.

Das Prinzip ist einfach: Sie fragen alle für Sie und Ihre Arbeit relevanten Personen in Ihrem Unternehmen sowie möglicherweise interne und externe Kunden, was sie von Ihnen und Ihrer Arbeit halten. Sie erhalten die Meinungen Ihres Vorgesetzten, Ihrer Kollegen, Ihrer unterstellten Mitarbeiter oder Kollegen aus anderen Unternehmensbereichen. Aus diesen individuellen Feedbacks können Sie wie aus vielen kleinen Puzzleteilchen ein umfassendes Gesamtbild – deswegen heißt das Ganze 360-Grad-Feedback – davon zusammensetzen, wie Sie in Ihrem Unternehmen wahrgenommen werden. Das ist das Fremdbild, das von Ihnen existiert. In der Regel wird es mehr oder weniger stark von dem Bild abweichen, das Sie selbst von sich haben, von Ihrem Selbstbild. Genau in diesem Abgleich liegt der Wert dieses Instruments für Sie.

Da Sie dieses Feedback außerhalb des offiziellen Personalmanagements einholen, kann es zwar sein, dass nicht alle mitmachen, die Sie darum bitten. Dafür können Sie davon ausgehen, dass keine politischen Interessen im Spiel sind und Sie ehrliche Antworten erhalten. So können Sie wesentlich klarer erkennen, wie man Sie wahrnimmt und woran es liegt, dass Sie nicht so ein- bzw. wertgeschätzt werden, wie Sie das möchten.

Diesen Weg ist auch Christine S. gegangen. Im ersten Schock hatte sie noch gesagt: »Das kann doch nicht sein! Ich mache meine Arbeit doch super, das weiß hier jeder. Bisher waren alle mit mir zufrieden und jetzt soll das alles falsch sein?« Aber warum hatte sie dann nicht ihren Posten als Marketingleiterin behalten? Sie verschickte eine E-Mail mit folgenden Fragen an etwa 20 ausgewählte Ansprechpartner (ihr Chef, der undankbare Geschäftsführer, war übrigens nicht unter den Adressaten):

1. *Wie schätzen Sie meine Leistung und ihren Nutzen für das Unternehmen ein?*
2. *Wie sehen Sie mich als Person? Aus Ihrer persönlichen Sicht und aus Sicht des Unternehmens betrachtet?*
3. *Welche Stärken habe ich Ihrer Meinung nach? Welche Schwächen?*
4. *Welche Werte verkörpere ich aus Ihrer Sicht?*
5. *Was mache ich Ihrer Meinung nach gut? Was könnte ich noch verbessern?*
6. *Was stört Sie an mir/meiner Arbeit?*

Alle 20 E-Mail-Fragebögen kamen ausgefüllt zurück. Das allein fand sie schon erstaunlich. Noch erstaunter war sie, als sie die Antworten las: Alle Adressaten bescheinigten ihr, dass sie fachlich höchst kompetent war und ihre Arbeit sehr gut, zuverlässig und loyal erledigte.

Aber, und das war aus ihrer Sicht ein dickes Aber: Sie bekam zu lesen, sie sei zu sehr auf die fachlichen Aspekte konzentriert und vernachlässige die »politischen«. Sie wirke oft zu verkrampft und etwas humorlos. Sie sei zwar hervorragend darin, die Produkte ihres Unternehmens zu vermarkten. Aber sich selbst vermarkte sie sehr schlecht.

Christine war entsetzt. Sie fand am neuen Marketingleiter ja gerade sein Showgehabe und die politische Taktiererei so verwerflich. Genau so wollte sie eben nicht sein. »Das ist doch alles unseriös und manipulativ. Ich will mich doch nicht verbiegen!«

Das kann ich gut verstehen, Sie sicher auch. Aber, das wurde Christine nach und nach klar und das sollte auch Ihnen klar sein: Es genügt heute nicht mehr, leise und unaufgeregt einen guten Job zu machen. Gerade in großen und internationalen Unternehmen, aber bei Weitem nicht nur da, gehört es auch dazu, sich selbst und seine Leistung zu verkaufen, die richtigen Beziehungen zu pflegen und »politisches« Gespür zu entwickeln. Bei Ihnen könnten es noch andere Anforderungen sein, denen Sie gerecht werden müssen. Solche, die sich erst im Laufe der Zeit entwickelt haben, die früher gar nicht oder anders gestellt wurden. Sie können sich diesen Anforderungen verweigern, wenn Sie sich partout »nicht verbiegen« wollen. Aber dann werden Sie eben nicht mehr in der ersten Reihe mitspielen. Es hat alles seinen Preis.

Werkzeug 2: Werteliste und Maßnahmenplan

Nehmen Sie nun noch einmal die persönliche Werteliste zur Hand, die Sie im Rahmen von Aufgabe 2 erstellt haben. Falls die Erstellung dieser Liste schon einige Zeit zurückliegt, weil Sie dieses Buch Stück für Stück und in größeren zeitlichen Abständen durcharbeiten, sollten Sie die Liste der drei wichtigsten Werte und ihres derzeitigen Verwirklichungsgrades jetzt aktualisieren:

Wichtigster Wert: _____

Verwirklichungsgrad: _____

Zielwert bis in 12 Monaten: _____

Zweitwichtigster Wert: _____

Verwirklichungsgrad: _____

Zielwert bis in 12 Monaten: _____

Drittwichtigster Wert: _____

Verwirklichungsgrad: _____

Zielwert bis in 12 Monaten: _____

Sie sehen auf dieser Liste mit einem Blick, wo Sie derzeit stehen und wo Sie hinwollen. Ich gehe davon aus, dass sich Verwirklichungsgrad und Zielwert jeweils deutlich unterscheiden – sonst würden Sie dieses Buch vermutlich nicht lesen.

Die Frage ist nun aber: Wie kommen Sie dahin, wo Sie hinwollen? Nur zu erkennen, dass es zwischen Ihren gewünschten und gelebten Werten Diskrepanzen gibt, reicht ja nicht. Die Liste soll Ihnen auch dabei helfen, sich selbst zu motivieren und aktiv zu werden. In der »Selbstmotivation« steckt das lateinische Wort »movere«. Das bedeutet »bewegen«. Wenn Sie es schaffen, sich zu motivieren, werden Sie sich bewegen. Sie werden Ihre angestaute Unzufriedenheit und Aggression in positive Energie umwandeln, hin zu konkreten Plänen und Zielen. Am besten geht das, wenn Sie einen Maßnahmenplan zusammenstellen, den Sie Stück für Stück abarbeiten.

Erinnern Sie sich an Eckhard, den hart am Herzinfarkt vorbeigeschrammten Manager? Seine Werteliste sah so aus:

1. Gesundheit 2. Unabhängigkeit/ 3. Kreativität
Gelassenheit

derzeit erreicht: 20 %   20 %   25 %

Seine Zielvorstellungen: In einem halben Jahr wollte er eine Verbesserung erreichen auf Zielerreichungsgrade von:
70 %   70 %   60 %

Und nach einem Jahr:
95 %   90 %   90 %

Das Wichtigste war zunächst seine Gesundheit. Er wollte weniger arbeiten, sich mehr bewegen, deutlich gesünder essen und sich mehr ausruhen. Gar nicht so einfach für einen geschiedenen, alleinstehenden Workaholic, der zehn bis zwölf Stunden am Tag im Büro saß, abends den Kühlschrank leer futterte und vor dem Fernseher saß, bis er einschlief. Wir erarbeiteten für Eckhard einen umfassenden Wochenplan: Er sollte wochentags spätestens um 18:30 Uhr sein Büro verlassen. Dienstag und Freitag sollte er auf dem Heimweg einkaufen, und zwar Gemüse und andere gesunde Lebensmittel im Supermarkt – keine Chips an der Tankstelle. Jeder Abend beinhaltete einen anderen Programmpunkt: Montag (angeleitetes) Training im Fitnessclub, Dienstag Einkaufen und Kochen, Mittwoch Yogagruppe, Donnerstag Treffen mit Freunden, Freitag Einkaufen und Kochen. Auch am Wochenende setzten wir Termine für Sport und soziale Kontakte an. »Jetzt habe ich wenigstens eine Orientierung«, meinte Eckhard, als er den frisch erstellten Wochenplan durchlas. Denn er war natürlich auch deswegen so lange im Büro, weil zu Hause niemand auf ihn wartete. Eckhard bewies Durchhaltevermögen und lebte zwölf Wochen lang streng nach Plan. Danach hatte er vier Kilo abgenommen, fühlte sich deutlich fitter und schlief besser. In der Yogagruppe hatte er eine Frau kennengelernt, mit der er sich öfter traf. »Ganz von selbst« hatte sich mit dem besseren Körpergefühl und den neuen Sozialkontakten mehr Gelassenheit eingestellt. Jetzt war er so weit, sich vom strikten Plan zu lösen und seine Abende wieder freier zu gestalten. Gesundheitsbewusstes Verhalten gehörte nun ganz selbstverständlich zu seinem Alltag, ebenso wie die Pflege von sozialen Kontakten.

Ein solcher Maßnahmenplan funktioniert auch für jeden anderen Wert, den Sie verbessern möchten. Überlegen Sie, was Sie tun könnten, um Ihren Zielwerten näherzukommen.

Aufgabe 7: Erstellen Sie Ihren eigenen Maßnahmenplan: Was können Sie tun, um Ihre ganz persönlichen Werte in Ihrem (Berufs-)Leben stärker zu verwirklichen?

Achtung: Überfordern Sie sich nicht. Es wird nicht funktionieren, wenn Sie binnen drei Tagen Ihr komplettes Leben durch 1001 Maßnahmen umkrempeln wollen. Fangen Sie mit einem Schwerpunkt an und ziehen Sie die Maßnahmen mindestens acht Wochen lang durch, besser zwölf. So lange dauert es, bis aus neuem Verhalten »alte«, verinnerlichte Gewohnheiten werden.

Werkzeug 3: Den inneren Dialog durchspielen

Vielleicht fällt es Ihnen schwer, überhaupt erst mal herauszufinden, was genau Sie ändern wollen. Oder Sie wissen es im Grunde, sind aber hin- und hergerissen zwischen Ihren Wünschen und Ängsten. Die schlimmsten Bremser sitzen nämlich meist nicht im Büro nebenan, sondern in uns selbst.

Da sind all diese Glaubenssätze, die Sie in Ihrer Kindheit oder in Ihrem späteren Leben verinnerlicht haben und die bis heute nachwirken. »*Das schaffst du doch sowieso nicht*«, ist so ein typischer negativer Glaubenssatz. Oder: »*Nimm dich selbst nicht so wichtig.*« Ihr »innerer Kontrolleur« flüstert Ihnen diese Botschaften immer wieder zu. Vielleicht begehrt Ihr »inneres Kind« aufmüpfig gegen diese Negativsätze auf: »*Doch, ich kann*« oder »*Ich will aber!*« oder »*Ich will es wenigstens versuchen!*«. Bestimmt sind da sogar noch mehr »Stimmen« und »Persönlichkeiten«, die zu Ihnen gehören.

Mein Vorschlag dazu lautet: Geben Sie Ihren »inneren Stimmen« die Möglichkeit, sich offen zu äußern und auszutauschen. Das hilft Ihnen, mehr Klarheit über das zu gewinnen, was Sie wollen. Ich verwende bei meinen Coachings zu diesem Zweck ein Set aus verschiedenfarbigen Holzfiguren. Sie können aber genauso gut Schachfiguren oder andere Spielfiguren oder Steine unterschiedlicher Größe und Farbe einsetzen. Eine Figur für Ihr »Ich« stellen Sie mitten auf den Tisch. Dann überlegen Sie, wer da in Ihnen noch alles mitdebattiert. Weisen Sie jeder Figur ihre Rolle und ihren typischen Kernsatz zu und stellen Sie die Figuren so um Ihr »Ich« herum auf, wie Sie es sehen. Der »innere Kontrolleur« könnte z. B. drohend hinter Ihrem »Ich« aufragen, das »aufmüpfige Kind« frech vor ihm stehen.

Stellen Sie die Figuren so auf, wie Sie es für passend halten, und vergegenwärtigen Sie sich, für welche Botschaften sie stehen. Lassen Sie dann die Figuren ihr Gespräch zu einem für Sie relevanten Thema führen, wie zum Beispiel: *Soll ich im Urlaub relaxen oder meine Sprachkenntnisse verbessern?* Jeder kommt mit seiner Botschaft zu Wort. Allein das wird Ihnen helfen: Sie sehen klar, wer da alles und wie mitmischt. Nun sollen Ihre Figuren den Weg zu einer Einigung finden. Diese können Sie dann Schritt für Schritt mit einer entsprechenden Umpositionierung der Figuren nachvollziehen. Sehr hilfreich war diese Übung beispielsweise für meine Klientin Annedore M.

Annedore, 48, ist selbstständige Handtaschen-Designerin. Obwohl sie durchaus erfolgreich war, litt sie sehr unter dem Jugendwahn, der in der Designerszene herrscht. Sie hatte immer Angst davor, wegen ihres Alters keine Anerkennung und keine Aufträge mehr zu bekommen. Bei jeder Kollektion fragte sie sich, ob sie mit den unverbrauchten Ideen der »jungen Wilden« noch mithalten könnte. Durch diese Angst und diesen Druck verlor sie nach und nach die Freude an ihrer Arbeit. Sie fühlte sich erschöpft, immer lustloser und tatsächlich immer weniger kreativ.

So konnte es nicht weitergehen, etwas musste sich ändern – aber was? Annedore stellte ihre Situation mit meinen Holzfiguren nach. Eine der wichtigsten Figuren für sie war der »Nimmersatt«, der unersättlich nach Anerkennung und Zuneigung gierte. Dann war da der »Dominator«, der unauf-

hörlich die eigene Arbeit und das eigene Verhalten bewertete und kommentierte, und zwar negativ. Die »sensible Kreative« in ihr sehnte sich nach innerem Frieden, einer Halt gebenden Struktur und innerer Motivation. Die »Wilde« wollte sich austoben, Neues wagen, Grenzen überschreiten. Die pragmatische »Koordinatorin« versuchte, all die anderen Persönlichkeiten unter einen Hut zu bringen und aufeinander abzustimmen.

Die »Koordinatorin« fragte jede der Figuren: »Was brauchst du und wie können wir anderen dir dabei helfen, das zu bekommen?« Im Dialog der Figuren kam jede innere Stimme zu ihrem Recht. Am Ende sah sie klarer: »Ich brauche eine feste Struktur in meinem Leben, die mir Schutz und Freiräume für meine kreative Arbeit gibt. Ich muss unabhängiger von der Bewunderung und Wertschätzung anderer werden. Zunächst aber brauche ich eine Pause und Zeit für mich selbst, um meine Energie und Kreativität wiederzugewinnen.«

Sie fuhr – das erste Mal seit Jahren – für vier Wochen in den Urlaub. Seither achtet sie viel stärker auf ihr Selbstmanagement, gönnt sich regelmäßige Pausen und Zeit für Dinge, die ihr Freude machen. Sie ist nach wie vor sehr erfolgreich im Job und steht kurz davor, gemeinsam mit anderen Designern die erste Kollektion unter ihrem eigenen Label herauszubringen.

Annedore war als Selbstständige natürlich in einer vergleichsweise komfortablen Lage, um ihr (Arbeits-)Leben zu ändern. Als Angestellter, aber auch als Führungskraft haben Sie da einen weiteren Stolperstein im Weg: Ihren Chef bzw. die Strukturen Ihres Unternehmens. Wie können Sie es trotzdem schaffen, Ihren Job zu ändern?

Aufgabe 8: Schreiben Sie Ihren »Masterplan«
Legen Sie für sich ein Blatt nach diesem Muster an:

Mein Masterplan
1. Es geht mir um die Rolle, die ich zukünftig im Unternehmen spielen will, und um mein Verständnis für meinen eigenen Beitrag.
2. Es geht mir auch um die eigene Weiterentwicklung, um die nächsten Schritte.
3. Und es geht mir darum, Feedback zu bekommen.

Was heißt das für mich? Wo will ich hin? Was werde ich tun?

Kurzfristig? _____

_____

_____

Mittelfristig? _____

_____

_____

Langfristig? _____

_____

_____

Mit wem werde ich reden, etwas besprechen, verabreden?

_____

_____

_____

_____

_____

Bis wann werde ich das tun?

_____

_____

_____

_____

Welche Vereinbarung treffe ich mit mir selbst?

_____

_____

_____

_____

Wie und bis wann will ich die Vereinbarung umsetzen?

_____

_____

_____

_____

_____

Wie belohne ich mich dafür?

_____

_____

_____

_____

Was mache ich, wenn es nicht nach Plan läuft?

_____

_____

_____

_____

Im nächsten Schritt sollten Sie bei Ihrem Chef vorfühlen, wie er Ihre Aufgaben und Ihren Arbeitseinsatz in der Abteilung sieht und ob er bereit ist, Sie bei den gewünschten Veränderungen zu unterstützen. Sprechen müssen Sie mit Ihrem Chef auf jeden Fall. Wenn er von Ihrem Leiden und Ihrer Unzufriedenheit gar nichts weiß, wird er schließlich kaum einen Anlass sehen, etwas zu ändern. Er kann aber viel dazu tun, Ihre Situation zu ändern – wenn Sie es schaffen, ihn zu überzeugen.

Sie fühlen sich überfordert? Ihnen wird alles zu viel? Machen Sie sich zunächst bewusst, dass es in erster Linie Ihre eigene Verantwortung ist, für sich zu sorgen. Sie müssen Ihr Leben so einrichten, dass Sie genügend Erholungspausen haben, sich gut ernähren, ausreichend bewegen und Ihre sozialen Kontakte pflegen. Sonst wird Ihre Energie immer weiter schwinden und Ihre Gesundheit leiden – wie es bei Eckhard der Fall war.

Erst in zweiter Linie sollten Sie Ihr Unternehmen verantwortlich machen. Haben Sie objektiv viel zu viel Arbeit oder sind besonderen Belastungen ausgesetzt, sollten Sie Ihren Chef ansprechen, wie er zur Situation und zu Ihnen als Person steht. Natürlich spielt da viel Menschliches hinein. Sollten Sie für einen dynamischen Enddreißiger arbeiten, der damit prahlt, neben seinen 14-Stunden-Arbeitstagen noch für den nächsten Marathon zu trainieren, können Sie vermutlich nicht auf allzu viel Verständnis hoffen.

Trotzdem: Machen Sie einen Termin mit ihm und sagen Sie ihm, dass Sie sich sehr belastet fühlen. Erliegen Sie aber nicht der Versuchung, sich mal richtig auszujammern. Die besten Erfolgsaussichten haben Sie, wenn Sie ganz sachlich darlegen, welche Potenziale Sie in sich noch sehen und wo und wie Sie diese am besten zum Nutzen aller einbringen können. Sie sollten Ihren Plan schon in der Tasche haben und ihn konstruktiv unterbreiten. Dann haben Sie zumindest eine gute Diskussionsgrundlage und eine Chance, damit akzeptiert zu werden.

Sie fühlen sich unterfordert? Sie wollen sich in der Abteilung weiterentwickeln? Nicht immer die undankbaren Routinejobs machen? Dann signalisieren Sie Ihrem Chef doch, dass Sie sich brennend für das neue XY-Projekt interessieren und darin unbedingt mehr eingebunden werden wollen. Melden Sie sich mutig zu Wort, wenn die Aufgaben besprochen werden, und bringen Sie sich ein, indem Sie vorschlagen: »*Das könnte ich doch machen.*«

Wenn Ihr Chef auf diese dezenten Hinweise nicht gleich anspringt, sollten Sie einen Gesprächstermin mit ihm vereinbaren und ihm klar sagen, dass Sie glauben, noch viel mehr für die Abteilung tun zu können, wenn er Sie nur ließe. Hier ist es hilfreich, Lösungsansätze vorzubereiten, um eine Diskussionsgrundlage zu haben.

Vielleicht gibt es aber in der Abteilung keine echte Entwicklungsmöglichkeit für Sie. Dann ist die Sache etwas heikler. Sie müssen Ihren Chef davon überzeugen, Sie gehen zu lassen oder Sie gar aktiv für einen anderen, besser zu Ihnen passenden Job zu empfehlen. Das macht natürlich kein Chef gerne, gerade wenn er Sie schätzt. Einen Versuch ist es trotzdem wert.

Sieglinde F. ist Architektin. Seit 15 Jahren arbeitet die 53-Jährige bei einer großen Versicherung. Die letzten zehn Jahre war sie als Projektleiterin für das Umzugsmanagement zuständig. Sie managte alle Umzüge innerhalb des Unternehmens in ganz Deutschland. Diese Arbeit erforderte ein hohes Maß an Organisationsfähigkeit und eine gute Stressresistenz aufgrund des ständigen Termindrucks. Beides hatte Sieglinde. Sie machte ihre Arbeit sehr gut und zur Zufriedenheit aller. Nur sie selbst litt zunehmend unter der gleichförmigen, gleichwohl aber hektischen und anstrengenden Tätigkeit. Sie verlor die Freude an der Arbeit, wurde immer müder und erschöpfter und schließlich krank. Zwei Jahre nacheinander musste sie zur Kur, bis ihr klar war: »Ich will das nicht mehr

machen. Ich will wieder entwerfen, zeichnen, kreativ sein.
Keine Umzüge mehr!« Sie sprach mit ihrem Chef. Glück-
licherweise empfand er nicht nur große Wertschätzung für sie
mit ihrem hohen Engagement, sondern war auch im gleichen
Alter und kämpfte selbst seit Neuerem mit stressbedingten
Krankheitssymptomen. Er hatte daher Verständnis für ihre
Lage und ihre Bitte. Er versprach, sie bei ihrer internen Be-
werbung um eine Stelle in der kleinen Architekturabteilung
zu unterstützen, wenn sie noch mindestens ein halbes Jahr
bleiben würde, um einen Nachfolger aufzubauen und ihr
Know-how in der Abteilung »Umzugsmanagement« weiter-
zugeben.

Natürlich kann es Ihnen passieren, dass Ihr Chef nicht auf
Ihre Bitte eingeht und keinerlei Interesse daran hat, Sie zu unterstützen. Das ist ärgerlich. Aber es ist kein Grund aufzuge-
ben. Höchstens einer, sich anderweitig umzusehen. Wenn Ihr
Chef nicht bereit ist, Ihnen zu helfen, müssen Sie eben für sich
selbst sorgen. Sie wissen, was Sie unglücklich macht. Sie können das nicht einfach weiter hinnehmen.

Studieren Sie aufmerksam die internen Stellenausschreibungen, um zu sehen, ob da nicht etwas für Sie dabei ist.
Sprechen Sie zusätzlich mit den Kollegen aus den Abteilun-
gen, die Sie im Auge haben. Viele Stellen sind eigentlich schon
vergeben, wenn sie ausgeschrieben werden. Je früher Sie Ihre
Fühler ausstrecken, von einer eventuell zu besetzenden Stelle
erfahren und Ihr Interesse signalisieren können, desto größer
werden Ihre Erfolgsaussichten sein.

Sie sollten sich im Zuge dessen auch Gedanken über eventuell erforderliche Weiterbildungsmaßnahmen machen. Fehlen
Ihnen bestimmte Standardkenntnisse, etwa in Sachen Com-
puterprogramme? Oder gibt es Spezialwissen, das Sie für Ihre
neue Wunschtätigkeit im Unternehmen bräuchten, aber nicht
haben? Versuchen Sie, eine entsprechende Schulung zu bekommen. Das geht intern nicht? Ihr Chef verweigert Ihnen

seine Zustimmung? Dann buchen Sie eben extern, zur Not einen Abend- oder Wochenendkurs, den Sie aus eigener Tasche bezahlen. Diese Investition sollte Ihnen Ihre glücklichere berufliche Zukunft wert sein. Eigeninitiative in Sachen Weiterbildung ist etwas, womit Sie in jedem Bewerbungsgespräch punkten können, unabhängig davon, ob Sie sich intern oder doch extern bewerben. Denn damit zeigen Sie, dass Sie nicht nur Ihre Defizite erkannt haben, sondern auch bereit sind, sie selbst auszugleichen. Sie zeigen, dass Sie engagiert, eigenverantwortlich und lernwillig sind – und genau solche Mitarbeiter will heute jedes Unternehmen haben oder bekommen!

Den Stellenwert eigenverantwortlicher Weiterbildung und die Wertschätzung älterer Mitarbeiter belegt auch das folgende Interview mit Edith Volz-Holterhus, Vorstandsmitglied der E.ON Bayern AG:

Was schätzen Sie besonders an Mitarbeitern 50 plus?
Da gibt es einiges aufzuführen: Sie haben große berufliche Erfahrung in verschiedenen Situationen und Positionen und sind oft menschlich gereifte Persönlichkeiten. Sie sind tendenziell weniger auf ihre eigene Karriere fixiert und mehr an der Qualität der Arbeit interessiert. Ältere eignen sich oft gut als Wissensmanager, Mentoren und Entwickler von Nachwuchskräften. Zudem wirken sie in unruhigen Zeiten stabilisierend und geben den anderen Mitarbeitern Sicherheit.

Wo sehen Sie die Schwachpunkte älterer Mitarbeiter?
Sie sind häufig nicht auf dem neuesten technischen Stand, speziell bei IT-Anwendungen wie Intranet, Internet, Microsoft-Office-Anwendungen oder Online-Lernplattformen. Ihre körperliche Belastbarkeit ist verringert, mitunter gibt es bereits gesundheitliche Beeinträchtigungen. Ältere haben teilweise ihren Leistungszenit überschritten und sind weniger motiviert, wobei man zugeben muss, dass Letzteres oft auch an fehlenden Weiterentwicklungsmöglichkeiten liegt.

In Bezug auf welche Themen müssten Mitarbeiter jenseits der 50 Ihrer Meinung nach mehr an sich arbeiten?
Fachlich vor allem an den IT-Kenntnissen. Von den sonstigen Fähigkeiten her sollten Ältere sich gezielt Möglichkeiten des Wissenstransfers aneignen. Zusätzlich sollten sie an ihrer Einstellung arbeiten und die eigene Rolle als »Senior« überdenken, gerade in Bezug auf die Arbeit mit jüngeren Kollegen. Nicht zuletzt wäre es eine wichtige Aufgabe, das eigene Gesundheitsmanagement ernst zu nehmen und aktiv daran zu arbeiten.

Gibt es in Ihrem Haus Konflikte zwischen jüngeren und älteren Mitarbeitern?
Konflikte gibt es natürlich immer mal wieder. Aber mir sind keine bekannt, die auf Altersunterschieden basieren.

Gibt es in Ihrem Haus spezielle Personalentwicklungsmaßnahmen für Mitarbeiter 50 plus?
Nein, es gibt kein Programm, das sich speziell an diese Zielgruppe richtet. Das wollen wir schon aus Diskriminierungsgründen nicht. Bei uns stehen allen Mitarbeitern Qualifikationsmaßnahmen zur Verfügung. Entscheidend ist dabei der Bedarf, nicht das Alter.

Welche Chancen haben bei Ihnen ältere Mitarbeiter, die einen anderen Job innerhalb des Unternehmens anstreben?
Je nach Jobanforderung kann ein erfahrener Mitarbeiter bessere oder schlechtere Chancen auf einen Job haben. Häufig sind ältere Mitarbeiter flexibler, wenn es um Auslandseinsätze oder Aufbauarbeiten geht, da ihre familiäre Situation dies eher zulässt. In diesen Fällen können ältere Mitarbeiter klar im Vorteil sein.

Sie haben gerade keinen Job?
Das ist kein Grund aufzugeben!

Wenn Sie dieses Buch lesen, weil Sie gerade die Kündigung erhalten haben oder bereits arbeitslos sind, werden Ihnen die Überlegungen aus dem vorhergehenden Kapitel möglicherweise wie Luxusprobleme vorkommen. Sie werden vielleicht denken: *»Meine Güte, wie kann man sich Gedanken darüber machen, seinen Job zu ändern – die sollen doch froh sein, wenn sie noch einen haben.«* Dann haben Sie vielleicht vergessen, wie sehr Sie unter Ihrer Arbeit gelitten haben, als Sie sie noch hatten. Oder Sie gehören tatsächlich zu den wenigen, die völlig unvorbereitet aus ihrem Traumjob geworfen wurden. Oder aber Sie haben erst durch den Schock der Arbeitslosigkeit gemerkt, wie wichtig Ihnen Ihre Arbeit trotz aller Missstände war.

Im Grunde kämpfen Sie mit demselben Problem wie die unzufriedenen Arbeitenden: Sie sind in einer Lage, in der Sie sich nicht wohlfühlen, die so nicht bleiben kann, die Sie ändern wollen und müssen: Zum einen natürlich aus rein existenziellen Gründen – Hartz IV mag gerade so zum Überleben reichen, für eine gute Lebensqualität reicht es auf Dauer nicht. Zum anderen aus Gründen, die Ihr geistiges und psychisches Wohlbefinden betreffen, denn Arbeit ist wie eine Quelle, aus der die Verwirklichung eigener Talente, Erfolgserlebnisse, Selbstbewusstsein und soziale Kontakte sprudeln. Es ist schwer, ohne sie auszukommen, sogar wenn es rein finanziell betrachtet möglich wäre.

Genau deswegen ist eine Kündigung immer ein harter Schlag. Einer, der wehtut, der einen erst einmal völlig aus der Bahn wirft. Mit der Kündigung in der Hand sieht man erst mal keinen Weg mehr in die Zukunft, man sieht nur noch schwarz. Man kann jetzt nicht einfach weitermachen, sich

»mal eben« neu sortieren und auf Stellensuche begeben, so als wäre nichts gewesen.

Dieses Kapitel soll Ihnen dabei helfen, Ihre Situation zu verstehen und zu akzeptieren, und Ihnen den Weg aufzeigen, der aus dem tiefen Loch, in das man nach einer Kündigung fällt, wieder ans Licht führt.

Akzeptieren Sie Ihre Situation

Als Monika T. mir bei unserem ersten Gespräch gegenübersaß, war sie völlig außer sich. Auf den ersten Blick war sie eine sehr attraktive, gepflegte 54-Jährige mit souveränem Auftreten. Auf den zweiten Blick war sie unter ihrem gekonnten Make-up sehr bleich, unter ihren Augen waren tiefe Schatten und ihre Hände zitterten leicht, als sie sich ein Glas Wasser einschenkte. Sie fühlte sich, als seien ihr ganzes Leben und sie selbst in tausend Scherben zerbrochen. Sie war zuletzt zwölf Jahre lang Einkäuferin in einem großen Konzern gewesen, hatte gut verdient, war viel gereist und von Kunden wie Chefs stets sehr zuvorkommend behandelt worden. Dann wurde umstrukturiert. Der Einkauf wurde europaweit zentralisiert, sodass etliche Stellen in Deutschland wegfielen. Die von Monika war auch dabei. Sie suchte mich auf, während sie noch in den Verhandlungen über die Abfindung stand. Vor drei Wochen hatte sie die Kündigung erhalten und war von der Arbeit freigestellt. Seither saß sie allein daheim in ihrem schönen Haus mit dem gepflegten Garten. Ihr Selbstverständnis war zutiefst erschüttert. Außerdem hatte sie Angst. Obwohl ihr Mann gut verdiente, war es seit jeher ihre Maxime gewesen, finanziell unabhängig zu sein und ihr eigenes Geld zu verdienen. Nun würde sie das nicht mehr können. Denn wer würde sie mit 54 noch einstellen? Und was sollte sie nun mit ihrem Leben anfangen?

Monika ist insofern ein Ausnahmefall, als sie schon nach so kurzer Zeit professionelle Hilfe bei mir suchte. Ihre Fassungslosigkeit und ihre Erschütterung bei der Entlassung dagegen sind die Regel und nicht die Ausnahme. Meiner Erfahrung nach durchlaufen Menschen in dieser Extremsituation nacheinander drei typische Phasen.

Phase 1: Der Absturz

Der Akt der Kündigung als solcher kommt für fast alle Betroffenen völlig überraschend. Natürlich hätte man es als außenstehender Beobachter meist kommen sehen können. Anzeichen für Veränderungen, Umstrukturierungen und Stellenstreichungen gab es genug. Aber fast immer verfallen die möglicherweise bedrohten Mitarbeiter in eine Art Angststarre: Sie wollen es nicht wahrhaben und verdrängen die Gefahr. »*Mich mit meinen 15 Jahren Betriebszugehörigkeit trifft es doch nicht*«, denken viele. Andere hoffen bis zum Schluss und wider besseren Wissens auf eine andere Lösung, auf einen großen Auftrag, der die Abteilung rettet, oder auf das halbherzige Versprechen des Chefs, sich für sie einzusetzen.

Und dann ist es doch passiert. Sie wurden zum Gespräch gebeten und hielten nach ein paar dürren Worten – für Ihren Chef war das schließlich auch eine unangenehme Sache, die er schnell hinter sich bringen wollte – Ihr Kündigungsschreiben in der Hand. Wie haben Sie reagiert? Wahrscheinlich so wie die meisten Betroffenen, mit Ungläubigkeit und Fassungslosigkeit. »*Das darf doch nicht wahr sein!*« Sie waren wie vor den Kopf geschlagen, wie gelähmt, konnten keinen klaren Gedanken mehr fassen, außer vielleicht: »*Ich muss raus hier.*«

Sie haben einen Schock erlitten. Sie brauchen Zeit, ihn zu verarbeiten. In dieser Phase habe ich schon ebenso bizarre wie erschreckende Verhaltensweisen erlebt: Für manche Gekündigte – vor allem Männer – war die Tatsache der Kündigung so demütigend, dass sie diese vor ihren Familien geheim gehalten haben. Sie gingen einfach weiter jeden Morgen zur selben Zeit wie immer im Anzug und mit der Aktentasche aus dem Haus und streunten kopflos durch die Stadt. Sie wussten einfach nicht, was sie tun sollten. Manche erfanden sogar Geschäftsreisen und Auswärtstermine, damit ihre Frauen nicht auf die Idee kämen, sie im Büro anzurufen. Sie verstrickten sich in Geheimniskrämerei und Lügengeflechte, unter denen sie zusätzlich litten. Wie es sich auswirkt, wenn die Ehepartner und Familienangehörigen in einer solchen Situation dann doch noch herausfinden, was passiert ist, können Sie sich vermutlich vorstellen. Als wären der Schock des Arbeitsplatzverlustes und die materiellen Existenzängste nicht genug, geraten die Betroffenen auch noch in schwere Beziehungskonflikte.

Warum war die Kündigung so schlimm für Sie? Ganz objektiv müssen Sie doch zugeben, dass es heute eben (außer im Staatsdienst) keine sicheren Arbeitsplätze mehr gibt und es grundsätzlich jeden früher oder später treffen kann. Aber subjektiv sieht das eben anders aus. Eine Kündigung wird eben nicht als systembedingter »Unfall« gesehen, sondern als persönliches Versagen. Gekündigte Mitarbeiter denken in dieser ersten Phase nicht an Unternehmensstrategien und Kollateralschäden. Sie denken: »*Ich habe versagt. Mit mir stimmt etwas nicht, wenn man mich nicht mehr will.*« Das ist es, was die Kündigung so demütigend macht, zu etwas, wofür man sich schämt und das man sich kaum selbst, geschweige denn anderen eingestehen kann.

Phase 2: Die Wut

Sie sitzen nun also ganz unten im emotionalen Loch. Aber in das Schwarz, das Sie sehen, mischt sich nun auch aggressives Rot: Wut und Ärger drängen nach oben.

Wut auf das Unternehmen: »*Wie konnten die mir das an-tun, wo ich mich so viele Jahre lang mit voller Kraft für die-sen Laden eingesetzt habe? ... All die Überstunden und die verschobenen Urlaube, und das ist nun der Dank? ... Diese miesen Typen im Management. Die haben uns alle belogen!*«

Hinzu kommt die Wut auf sich selbst: »*Wie konnte ich nur so blöd sein, mich so für die zu engagieren!*« Vielleicht auch: »*Warum habe ich all das klaglos mit mir machen lassen? Ich hätte auf den Tisch hauen und allen meine Meinung sagen sol-len, dass es kracht!*«

Ihre Wut ist verständlich und berechtigt. Unabhängig von allen mehr oder weniger objektiven Erwägungen hat Ihnen das Unternehmen, dem Sie Ihre Arbeitskraft gegeben haben, einseitig den Vertrag aufgekündigt und Ihnen damit gesagt, dass Sie überflüssig und nutzlos geworden sind. Das mag be-triebswirtschaftlich durchaus gerechtfertigt sein. Ihre Wut über diese Zumutung und Kränkung ist aber menschlich min-destens genauso gerechtfertigt.

Gestehen Sie sich Ihre Wut ein, lassen Sie sie zu. Sie ist ein ehrliches Gefühl. Und sie kann Ihnen Kraft geben, Kraft, sich aus dem Loch herauszuarbeiten und Ihren Lebensweg zu ver-ändern. Gefährlich wird es dann – und das ist wiederum eher typisch für Frauen –, wenn Sie Ihre Wut verdrängen, sie in sich hineinfressen. Dann gärt sie in Ihnen weiter. Wenn sie keinen Weg nach außen findet, richtet sie sich gegen Sie selbst, mündet vielleicht sogar in Depression und Krankheit. Selbst wenn Sie an Ihrer Kündigung nicht völlig unschuldig waren: Ihr Unternehmen hat Sie gekränkt. Sie dürfen wütend sein. Sie haben ein Recht darauf.

Phase 3: Der Neubeginn

Sie haben das emotionale Chaos überstanden. Sie können die Sache nun mit mehr Ruhe und Distanz betrachten. Sie können analysieren, warum es schiefgelaufen ist mit dem Job und ob Sie selbst dazu beigetragen haben. Sie schaffen es nun, den Blick wieder zu heben und aus dem Stimmungsloch zu kriechen. Sie richten den Blick nach vorne und fragen sich: »*Ich habe das so weit verarbeitet. Ich will weiterleben. Was mache ich jetzt?*« Jetzt sind Sie so weit, dass Sie wirklich aktiv werden, eine neue Aufgabe finden und diese auch mit guten Erfolgsaussichten annehmen können.

An diesen Punkt zu gelangen kostet Zeit. Manche Betroffene sind schon nach vier bis acht Wochen wieder so weit, dass sie ihr weiteres Leben aktiv in die Hand nehmen können. Andere brauchen wesentlich länger. Keinesfalls sollten Sie alles verdrängen, sich den Forderungen Ihrer Umgebung beugen – »*Jetzt reiß dich doch mal zusammen*«! – und sich drauflosbewerben. Selbst wenn Sie tatsächlich eine neue Arbeitsstelle finden, werden Sie dort nicht glücklich werden, wenn Sie das, was in Ihnen wütet, nicht verarbeitet und für sich gelöst haben. Wenn Sie ein so einschneidendes Erlebnis wie den Jobverlust nicht wirklich verarbeiten, besteht die Gefahr, dass er Ihre Persönlichkeit verändert. Dass Sie verbittert, misstrauisch und ängstlich werden und sich nicht mehr offen auf neue Menschen und Situationen einlassen können. Damit ist der Teufelskreis vorgezeichnet. Man bekommt immer das, was man ausstrahlt und somit anzieht.

Also: Nehmen Sie sich die Zeit, die Sie brauchen. Ich spreche dabei nicht von Trödeln und Zeitverschwendung, sondern davon, dass es sehr effizient ist, erst die eigenen inneren Themen zu bearbeiten und dann neu zu starten. Alles andere zahlt sich nicht aus. Wenn Sie spüren, dass Sie es allein nicht schaffen, suchen Sie sich einen Coach, einen Psychologen oder einen Therapeuten. Sie sind mit Ihrem Lebensauto in einem Graben gelandet. Na und? Es handelt sich um einen Unfall. Sie müssen es nicht ganz alleine wieder herausziehen – im »richtigen Leben« würden Sie ja auch den ADAC anrufen. Es gilt die Devise: Was hilft, wird akzeptiert.

Steuern Sie auf das Licht am Ende des Tunnels zu

Wenn Sie die Kündigung als solche verarbeitet haben, wird es Zeit, Ihr Leben wieder in Gang zu bringen. Es bringt nichts, nur zurückzuschauen und das Verlorene zu betrauern. Unser Leben spielt sich immer zwischen den Polen Bewahren und Verändern, Festhalten und Loslassen ab, hier treffen wir unsere individuellen Entscheidungen. Das ist eine Gesetzmäßigkeit des Lebens. Aber wie Sie persönlich Ihr nächstes Lebensstadium leben, das ist nicht festgelegt und genau da liegen Ihre Möglichkeiten. Sie sind jetzt in der Lage, sich neu zu entscheiden für einen vielleicht ganz neuen Weg. Sie könnten das als Last empfinden. Sie können es aber auch als Chance zur Neuausrichtung begreifen, als den Schubs, den Sie vielleicht gebraucht haben, um endlich Ihren Kurs neu zu bestimmen.

Was Sie dazu benötigen? Im Wesentlichen zwei Dinge: Einmal viel Geduld. Sehr viel Geduld – mit sich, mit Ihren Mitmenschen und mit den Umständen. Zum Zweiten einen ganz besonderen Werkzeugkasten, dessen Elemente ich Ihnen auf den folgenden Seiten vorstellen werde. Ihr Survival-Kit mit den zwölf goldenen Regeln für den Neustart:

Regel 1: Wenn Sie draußen sind, sind Sie allein – gewöhnen Sie sich daran

Sicher haben Ihnen die Kollegen gesagt: *»Du, lass uns in Kontakt bleiben, wir telefonieren einfach öfter.«* Oder: *»Rufen Sie mich jederzeit an!«* Aber niemand meldet sich bei Ihnen.

Nach ein paar Wochen wählen Sie die Nummer der Kollegin. *»Wie nett, dass du anrufst, aber ich habe jetzt gar keine Zeit, ich muss zum Meeting. Melde dich doch mal wieder!«* Beim nächsten Mal heißt es: *»Ich kann gerade nicht, du weißt ja, immer der Stress mit der Budgetplanung.«* Ein übernächstes Mal probieren Sie es wahrscheinlich gar nicht mehr. Natürlich ist es möglich, dass Sie den Ausnahmekollegen haben, der inzwischen ein guter Freund geworden ist und tatsächlich öfter mal anruft. Aber grundsätzlich gilt: Diejenigen, die noch »drinnen« sind, haben viel Arbeit, stehen unter Zeit- und Termindruck, sind einer gewissen Hektik ausgesetzt. Sie haben wahrscheinlich wirklich nicht viel Zeit, um den Kontakt mit Ihnen, einem ehemaligen Kollegen, zu pflegen. Und sie werden es, wenn auch vielleicht nicht ganz bewusst, schon deswegen nicht wollen, weil sie als »Überlebende« ein schlechtes Gewissen Ihnen gegenüber haben und nicht an die Möglichkeit des Scheiterns, wie es Ihnen widerfahren ist, erinnert werden wollen.

Ihr Leben »draußen« ist ganz anders. Sie haben äußerlich »nichts zu tun«. Innerlich durchleben Sie ein Wechselbad der Gefühle, von Hoffnung, Wut, Enttäuschung, Euphorie, Ungeduld – dafür hat niemand wirklich Verständnis, der das nicht selbst erlebt hat.

Also: Freuen Sie sich, wenn sich ein Exkollege bei Ihnen meldet. Aber rechnen Sie nicht damit. Und seien Sie nicht enttäuscht, wenn die Anrufe ausbleiben.

Regel 2: Glorifizieren Sie die Vergangenheit nicht

Aus Ihrer jetzigen Perspektive war früher alles besser: Sie hatten einen Job, hatten soziale Kontakte, Erfolgserlebnisse, ein stetes Einkommen, Sie waren gefragt. Jetzt sind Sie »draußen«, allein, von finanziellem und sozialem Abstieg bedroht. Aber mal ehrlich: Gab es da nicht auch Schattenseiten? Ihre Chefin beispielsweise war vielleicht oft ganz schön launisch und ihre Lieblinge hatte sie auch. Die Cliquenwirtschaft in der Abteilung war oft schwer zu ertragen. Das Gefühl, eine befriedigende und sinnvolle Arbeit zu leisten, hatten Sie doch vielleicht schon lange nicht mehr ...

Auch wenn es aus dem Loch, in dem Sie heute sitzen, so aussehen mag: Früher war keineswegs alles strahlend schön. Ihr Job, Ihr Unternehmen, Ihre Kollegen und Ihre Vorgesetzten waren nicht perfekt und es war nicht immer alles so toll. Versuchen Sie, die Vergangenheit nüchtern und realistisch zu betrachten.

Regel 3: Sprechen Sie über Ihre Situation – mit den richtigen Menschen

In einer Negativsituation wie der Ihren verfallen manche Menschen in extreme Verhaltensweisen. Die einen igeln sich ein, vergraben sich in ihrem Unglück und Zorn und lassen keinen Menschen an sich heran. Die anderen sprechen geradezu zwanghaft mit jedem, der ihnen begegnet, über ihre Probleme und Gefühle und überfordern ihre Umgebung damit. Vermeiden Sie diese Extreme. Es ist wichtig, mit anderen über das zu sprechen, was Sie bewegt. Aber nicht mit jedem und nicht andauernd. Wenn Sie einen Partner haben, sollten Sie mit ihm natürlich möglichst offen über Ihre Situation und Ihre Gefühle sprechen. Vertrauen Sie sich zusätzlich ein oder zwei engen Freunden an. Vielleicht gibt es in Ihrem Freundeskreis jemanden, der auch schon die Erfahrung der Kündigung und Arbeitslosigkeit machen musste. Diese Person ist ein natürlicher Gesprächspartner für Sie, mit der Sie sich hervorragend austauschen können.

Halten Sie zu diesen paar Freunden regelmäßigen Kontakt. Das heißt nicht, dass Sie jeden Tag bei ihnen anrufen und ihnen Ihr Herz ausschütten sollten. Auch Freunde darf man nicht überstrapazieren. Aber wöchentlich ein Gespräch oder eine gemeinsame Unternehmung sollten schon drin sein. Melden Sie sich, schlagen Sie die Treffen vor, reden Sie mit ihnen auch mal über etwas anderes. Diese Freunde (und Ihr Partner) sind Ihre Verbündeten auf Ihrem neuen Weg.

Regel 4: Geben Sie Ihren Tagen eine Struktur

Mit dem Job fällt viel mehr weg als nur die Arbeit und das Gehalt. Im Job hatten Sie auch einen festen Tagesablauf: Früh aufstehen, ins Büro fahren, arbeiten, essen, sich verabreden – alles folgte dem vorgegebenen Rhythmus Ihrer Berufstätigkeit. Der ist nun weg. Am Anfang mag das noch schön sein: Endlich mal in Ruhe den Spätfilm anschauen und morgens lange ausschlafen. Aber dann schleicht sich eine gewisse Wurstigkeit ein: Wofür früh aufstehen, man muss ja sowieso nirgends hin. Wofür sich frisch und ordentlich kleiden, wenn man ja doch keinen Termin hat ...

Lassen Sie sich nicht gehen. Sie haben keinen externen Taktgeber mehr. Dann geben Sie sich eben selbst Ihren Tagesrhythmus vor. Stehen Sie täglich zur selben Zeit auf und gehen Sie ebenso regelmäßig abends ins Bett. Planen Sie feste Zeiten für die Recherche von Stellenangeboten und interessanten Firmen, für das Schreiben von Bewerbungen und andere Tätigkeiten ein. Reservieren Sie ebenfalls feste Zeiten für soziale Kontakte. Sie brauchen eine Tagesstruktur, um sich wohlzufühlen und nicht zu »verlottern«.

Regel 5: Treiben Sie regelmäßig Sport

Falls Sie neben Ihrem Job keinen Sport getrieben haben, ist es nun höchste Zeit, damit anzufangen. Ansonsten sollten Sie mindestens auf dem vorher gewohnten Niveau weitertrainieren. Ideal sind zwei- bis dreimal pro Woche ein bis eineinhalb Stunden. Es ist kein Luxus, Sport zu treiben, und auch keine Zeitverschwendung. Es ist nur die nötige Rücksichtnahme Ihrem Körper gegenüber. Sie werden sehen: Mit Sport fühlen Sie sich körperlich einfach besser, auch psychisch. Zusätzlich ist Sport, wenn Sie nicht gerade allein im Wald joggen gehen, eine schöne Gelegenheit für die Pflege sozialer Kontakte.

Regel 6: Pflegen Sie Ihr Äußeres

Das tun Sie zwar auch, um auf Ihre Umwelt und auf potenzielle neue Arbeitgeber einen guten Eindruck zu machen. Aber vor allem tun Sie es für sich selbst: Sorgen Sie für ein gepflegtes Äußeres und kleiden Sie sich gut. Sie müssen zu Hause nicht im Business-Kostüm oder im Anzug mit Krawatte herumlaufen, aber Sie sollten den Tag auch nicht mit ungewaschenem Haar im Jogginganzug oder Morgenmantel verbringen. Wählen Sie Ihre Kleidung so, dass sie für einen Stadtbummel oder einen anderen ganz normalen Gang unter Menschen passend ist. Setzen Sie beispielsweise Farben, Kontraste oder auch Düfte bewusst sein. Das tut Ihnen gut und hilft Ihnen, Ihr Selbstwertgefühl zu stützen.

Regel 7: Nutzen Sie professionelle Hilfe

Suchen Sie sich beispielsweise einen Coach, mit dem Sie eine Standortanalyse vornehmen und Ihre berufliche Neuausrichtung erarbeiten können. Mit einem professionellen Dritten geht das meist wesentlich schneller und ohne all die Umwege und Sackgassen, in die Sie allein eventuell geraten. Wenn Sie sich schon lange nicht mehr bewerben mussten, kann es auch nützlich sein, ein spezielles Bewerbertraining mit Optimierung der Bewerbungsunterlagen zu buchen. Die Usancen bei den Bewerbungen ändern sich laufend, da sollten Sie auf dem neuesten Stand sein.

Regel 8: Erarbeiten Sie einen Urlaubs- und Fortbildungsplan

Sie sind zwar arbeitslos. Planlos sollten Sie deswegen nicht sein. Auch wenn Sie sich derzeit »nur« auf Stellensuche befinden, sollten Sie wenigstens ein paar Tage Urlaub – Abschalten und Entspannen in anderer Umgebung – fest einplanen. Ein Ortswechsel hilft oft enorm weiter, wenn Sie den Kopf frei und einen anderen Blick auf die Dinge bekommen wollen. Wenn Sie erkannt haben, dass Sie Ihre Chancen auf dem Arbeitsmarkt mit bestimmten Spezialkenntnissen verbessern könnten, sollten Sie sich diese aneignen. Das ist ein positiver Aspekt Ihrer aktuellen Lage: Sie haben genügend Zeit, sich um Ihre Weiterbildung zu kümmern – tun Sie es! Überlegen Sie, welche Kenntnisse Sie brauchen, und stellen Sie Ihren ganz persönlichen Weiterbildungsplan auf. Buchen Sie jetzt den Kurs in Business English oder die Projektmanagement-Schulung, die Ihnen noch fehlt, um Sie als Mitarbeiter richtig attraktiv zu machen.

Regel 9: Begegnen Sie Ihren Mitmenschen freundlich

Wenn es einem selbst nicht so gut geht und man sich von Gott und der Welt verlassen fühlt, ist man vielleicht versucht, das an den Mitmenschen auszulassen. Ein Quäntchen Neid (»*Was schaut die immer so gestresst, die soll doch froh sein, dass sie einen Job hat!*«) oder Unterlegenheitsgefühle (»*Ja, so ein neues Auto kann ich mir natürlich nicht mehr leisten*«) spielen da vielleicht auch mit. Das ist verständlich. Aber mal ehrlich: Ob Sie nun völlig unverschuldet oder auch mit gewisser eigener Beteiligung einer Stellenstreichung zum Opfer gefallen sind – die Kassiererin im Supermarkt kann ebenso wenig etwas dafür wie der Nachbar mit dem neuen Sportwagen. Sie können auf Ihren Ex-Chef sauer sein und sich genüsslich zurechtlegen, was Sie ihm am liebsten alles an den Kopf werfen würden. Zu allen anderen Menschen sollten Sie aber bewusst freundlich sein. Sie werden sehen: Das kommt auf Sie zurück. Die Menschen werden Ihnen ganz anders begegnen, wenn Sie mit einem Lächeln auf Sie zugehen. Ich sage nicht, dass dies eine leichte Übung ist, aber es hilft Ihnen und den anderen.

Seien Sie vor allem auch freundlich zu sich selbst. Mag sein, dass Sie Fehler gemacht und sich mitunter ungeschickt verhalten haben. Na und? Es ist gut, wenn Sie es heute erkennen und so zukünftig vermeiden können. Ansonsten ist es Schnee von gestern. Gönnen Sie auch sich selbst ein Lächeln vor dem Spiegel und tun Sie sich ab und zu mal etwas Gutes. Nehmen Sie sich die Zeit, in aller Ruhe ein gutes Buch zu lesen, einen Cappuccino in Ihrem Lieblingscafé zu trinken oder einen ausgedehnten Spaziergang im Wald zu machen. Was auch immer es ist, das Ihnen Freude bereitet, tun Sie es. Sie gewinnen dadurch Ausgeglichenheit, Distanz und Gelassenheit.

Regel 10: Suchen Sie sich eine neue Aufgabe

Die Suche nach einem neuen Job steht nun im Vordergrund Ihres Lebens. Aber das braucht nicht alles zu sein. Nutzen Sie die Zeit auch dafür, etwas zu tun, was Sie immer schon tun wollten und dann doch wieder aufgeschoben haben. Beginnen Sie ein neues Hobby, probieren Sie eine Sportart aus, lernen Sie eine Sprache. Oder engagieren Sie sich in Ihrer Kirchengemeinde, einem Verein oder einer sozialen Einrichtung. Kümmern Sie sich um Ihre Familie, ältere wie jüngere

Familienmitglieder. Sie brauchen deswegen kein schlechtes Gewissen zu haben, wenn Sie sich neuen Aktivitäten widmen. Zum einen können Sie nicht zwölf Stunden am Tag Bewerbungen schreiben. Zum anderen ist die Zeit, die Sie mit diesen Aktivitäten verbringen, nicht vergeudet. Sie ist Teil Ihres neuen Weges.

Regel 11: Vernachlässigen Sie Ihren Partner nicht

Natürlich ist Ihr Partner Ihr erster Ansprechpartner. Sie besprechen mit ihm Ihre Ängste und Sorgen, Ihre Erkenntnisse und Pläne. Aber überstrapazieren Sie ihn nicht. Ihr Partner muss schließlich auch mit der Situation fertig werden, in der Sie gemeinsam stecken. Verlangen Sie nicht, dass er immer für Sie da ist, Ihnen zuhört und Sie aufrichtet. Er oder sie ist weder Ihr Seelsorger noch Ihr Therapeut.

Sie sind ein Paar. Dann verhalten Sie sich auch so. Gehen Sie abends mal gemeinsam aus, unternehmen Sie etwas zusammen, genießen Sie die Zeit, die Sie miteinander verbringen. Das stärkt Ihre Partnerschaft und gibt Ihnen Kraft, Ihren neuen Weg zu finden und gemeinsam zu beschreiten.

Regel 12: Bleiben Sie dran

Auch wenn sich früher oder später ein neuer Job ergibt: Lehnen Sie sich nicht zurück. Pflegen Sie Ihre neuen Aktivitäten und Kontakte weiter, treiben Sie weiterhin Sport, bleiben Sie bei Ihrem sozialen Engagement. Führen Sie jede Woche zwei oder drei Telefonate, die keinen anderen Zweck haben, als mit lieben oder interessanten Menschen in Kontakt zu bleiben, und besuchen Sie wenigstens einmal im Monat eine Veranstaltung, die dem beruflichen und sozialen Networking dient.

Sie haben ja gesehen, wie schnell es gehen kann, wie schnell man draußen ist. Erinnern Sie sich daran, auch wenn Sie wieder »drin und in« sind.

Denn das ist die Zukunft. Es gibt keine sicheren Arbeitsplätze mehr. Wir alle werden uns daran gewöhnen müssen, heute drinnen, morgen draußen und übermorgen vielleicht ganz woanders zu sein. Outsourcing, die Verlagerung von Arbeitsplätzen ins Ausland und die Vergabe von bestimmten Leistungen an externe Dienstleister werden in Zukunft die Regel, nicht die Ausnahme sein. Sorgen Sie also vor, dass Sie für dieses Wechselbad gewappnet sind und bleiben.

Ja, die Zukunft ist offen. Es ist keineswegs gesagt, dass Sie problemlos einen neuen Job finden. Ich habe da schon viel erlebt: Manche Menschen zerbrechen an der Kündigung jenseits ihrer 50. Sie hangeln sich von einem Gelegenheitsjob bis zum nächsten und werden irgendwann zum Hartz-IV-Empfänger. Manche steigen in einem Zeitarbeitsunternehmen ein, verdienen dort zwar weniger als zuvor, erhalten aber über diesen Weg mit Glück wieder eine Festanstellung. Ich kenne mehrere Führungskräfte, die das Interimsmanagement als spannende und gut bezahlte Tätigkeit für sich entdeckt haben. Es kommt auch vor, dass gekündigte Mittfünfziger am Ende einen interessanteren Job haben als vorher.

Was Sie aus der Krise machen, in der Sie sich heute befinden, liegt zu einem guten Teil an Ihnen selbst, an Ihrer inneren Haltung und Ihrem Verhalten anderen gegenüber. Es ist jedenfalls kein Grund, zu verzweifeln und zu glauben, dass es für Sie keine Chancen mehr gäbe. Es gibt sie. Sie müssen Sie aber suchen und nutzen. Folgen Sie dabei Ihrem Instinkt und Ihrem Bauchgefühl.

Monika T. hat einige Wochen gebraucht, um ihren Schmerz und die Enttäuschung zu verarbeiten. Dann begann sie, wieder nach vorne zu blicken.

Wir haben die Antworten auf die wichtigsten Fragen er-
arbeitet: Was will ich zukünftig? Was kann ich? Welche
Tätigkeiten in welchen Unternehmen kommen für mich in-
frage? Wie kann ich mich über diese Unternehmen informie-
ren? Kenne ich da jemanden?
Wir haben den Lebenslauf optimiert, das Verhalten in Be-
werbungsgesprächen trainiert und überlegt, welche alten
Kontakte nützlich für sie sein könnten.
Parallel dazu entschloss Monika sich, eine Coaching-Aus-
bildung zu machen. »*Da lerne ich etwas über mich selbst und*
es kann mir auch in einer Beratungstätigkeit nützlich sein,
wenn ich besser verstehe, wie andere Menschen ticken, und
ich anders auf sie eingehen kann«*, erklärte sie. Schließlich*
führte der »*Kontakt eines Kontaktes*« *zu einem interessanten*
Bewerbungsgespräch. Ein großes Unternehmen suchte einen
erfahrenen Spezialisten für ein Projekt zum Aufbau einer
neuen Einkaufsabteilung in Russland. Monika war für ihren
früheren Arbeitgeber auch schon in Russland gewesen. Sie
bekam den Job. Nach einem Jahr Arbeitslosigkeit wurde sie
mit 55 Jahren wieder fest angestellt. Heute sagt sie, dieses
Jahr sei eine unglaubliche Bereicherung für ihr Leben gewe-
sen.

Ist das eine einmalige Ausnahme? Der einzelne Glücksfall, in
dem jemand als Mittfünfziger eine neue Festanstellung gefunden hat? Wo doch jeder weiß, dass die Unternehmen ältere
Mitarbeiter bestenfalls dulden, aber keineswegs schätzen und
schon gar nicht einstellen? Ich habe einen Personalmanager
dazu befragt.

Interview mit Titus Alexander, Leiter Konzernbereich Personal bei TÜV Süd:

Wie stehen Sie zur Einstellung von Mitarbeitern im Alter 50 plus?
Als Pluspunkte sehe ich vor allem ihre Erfahrung, Routine, Ruhe und Ausgeglichenheit. Negativ schlägt zu Buche, dass ältere Mitarbeiter in der Regel ein hohes Einstiegsgehalt haben, dabei aber oft nur noch eingeschränkt flexibel sind und auch der Leistungswille eher vermindert ist. Persönlich halte ich aber eine sinnvolle Mischung aller Altersklassen im Unternehmen für eine gute Voraussetzung, um ein möglichst breites Kompetenzspektrum in den einzelnen Arbeitsgruppen abzubilden.

Gibt es Aufgaben, die Sie älteren Mitarbeitern eher geben würden als jüngeren?
Ja, ganz klar. Ich denke da vor allem an komplexe Aufgaben, lang laufende Projekte, aber auch die Leitung von Arbeitsgruppen und Projektteams sowie die Einarbeitung neuer Mitarbeiter.

Gibt es Ihrer Erfahrung nach spezielle Fehler, die Mitarbeiter 50 plus bei Bewerbungsgesprächen machen?
Ja, sie haben die Bewerbungssituation lange nicht mehr trainiert und wirken deswegen meist sehr nervös. Oder sie verfallen in Defensivstrategien. Die Bewerber gehen nicht aus sich raus und hinterfragen nicht. Sie sind einfach nicht aktiv dabei. Wer fragt, der führt. Das gilt auch im Einstellinterview. Hier könnten die älteren Bewerber ruhig stärker und souveräner auftreten und zu ihrer Lebensleistung stehen.

Sie wollen endlich einen Job, der zu Ihnen passt? So finden Sie ihn!

Nach all den Vorarbeiten, die Sie bei der Lektüre dieses Buches schon geleistet haben, haben Sie nun den Punkt erreicht, an dem Sie sich endgültig Ihrer beruflichen Zukunft zuwenden können. Jetzt gilt es herauszufinden, was das Richtige und für Sie Passende für Ihre besten Jobjahre ist. In diesem Kapitel werden Sie zunächst herausfinden, was Ihnen liegt, was Ihnen Freude macht und was Sie wirklich gut können. Dann überlegen Sie, wo Sie das am besten einsetzen können. Die Chancen auf eine neue Festanstellung sind nicht so schlecht, wie Sie vermutlich denken. Jedenfalls dann nicht, wenn Sie mit der richtigen Strategie und der richtigen Einstellung auf dem Arbeitsmarkt agieren. Aber vielleicht ist eine Festanstellung ja auch gar nicht die einzige Alternative zu Ihrem Glück!

So finden Sie zurück zu Ihren Wünschen und Träumen

Wenn Sie dieses Buch lesen, sind Sie womöglich nicht in allzu guter Stimmung – sei es, weil Sie gerade arbeitslos oder zutiefst unzufrieden in Ihrem Job sind. Kann sein, dass Sie das Gefühl haben, im Dunklen in einer Sackgasse zu stecken – um Sie herum ist alles schwarz und aussichtslos. Das ist in Ihrer Situation völlig normal. Aber es ist nicht die richtige Verfassung, um sich grundlegend neu zu orientieren und neue Wege in die Zukunft zu entdecken und zu beschreiten. Deshalb sollten Sie sich erst einmal das aus Ihrer Vergangenheit vergegenwärtigen, was gut war. Die Dinge, in denen Sie erfolgreich waren und auf die Sie stolz sein können. Mit Ihren Schwächen, Fehlern und Ihrem »Versagen« haben Sie sich sicher intensiv auseinandergesetzt. Bevor Sie sich an konkrete Maßnahmen bzw. deren Umsetzung begeben können, ist es wichtig, dass Sie erst einmal die andere Seite Ihrer Persönlichkeit ans Licht holen: Ihre Stärken und Leistungen würdigen, sich Ihre Wünsche und Träume vergegenwärtigen und herausfinden, was genau Sie von Ihrer Zukunft erwarten.

In meinen Seminaren habe ich gute Erfahrungen damit gemacht, Orientierungssuchende die folgenden Fragen für sich zu beantworten. Lesen Sie sie zunächst in aller Ruhe durch:

1. Welche Erfolgsmomente hatten Sie bisher im Beruf?
Wann haben Sie das letzte spannende Projekt bekommen? Wann haben Sie für einen besonderen Einsatz oder eine tolle Leistung eine echte Belohnung bekommen? Etwa eine Gehaltserhöhung, einen Bonus, eine spezielle Anerkennung oder auch die Zustimmung für ein teures Seminar? Wann haben Sie von einem Kollegen gehört: *»Danke, ohne dich hätte ich das so nicht geschafft!«*? Wann hat ein Kunde sich bei Ihnen ausdrücklich für Ihren Einsatz bedankt?

2. Was fällt Ihnen immer sehr leicht?
Jeder hat so seine Themen, die ihm leicht von der Hand gehen. Aber gerade weil uns etwas leichtfällt, sehen wir oft gar nicht, was daran so besonders sein soll. Überlegen Sie selbstbewusst: Wo fließen Ihnen die Ideen nur so zu, wozu fällt Ihnen immer etwas ein? Woran haben Sie Freude und deswegen immer sofort Ideen? Welches sind die Dinge, wo andere sich schwertun, Sie aber nicht? Wofür haben Sie schon einmal Feedback in dieser Richtung bekommen: *»Also, wie machst du das nur? Ich hätte das nicht so hinbekommen!«*

3. Was fällt Ihnen ein, das Sie wirklich gut, ja exzellent können?
Typischerweise antworten darauf viele Menschen – insbesondere Frauen – auf diese Frage mit einem schnellen *»Eigentlich*

gar nichts« oder *»Da fällt mir auf Anhieb nichts ein«.* Wenn ich dann nachbohre, kommt aber doch das eine oder andere ans Licht.

Also: Was zeichnet Sie vor allen anderen Kollegen aus? Worin sind Sie ein Meister? Und wie ist das außerhalb des Jobs? Wofür haben Sie in Ihrem Privatleben positive Rückmeldungen bekommen? Für Ihr schönes Heim? Ihre gelungenen Familienfeiern? Sind Sie das Organisationstalent im Sportverein, das man immer holt, wenn eine Veranstaltung ansteht? Bittet man Sie immer wieder, bei Festlichkeiten die Reden zu halten, weil Sie das so locker-spritzig können? Betrachten Sie bewusst Ihr Leben und Ihre Rolle im Alltag. Es gibt ganz sicher etwas, was Sie wirklich exzellent können.

4. Wie nützlich könnten diese Fähigkeiten für Sie sein?
Ist das, was Sie unter 3. erforscht haben, etwas, was Sie im Beruf auch nutzen? Oder trennen Sie Beruf und Privatleben streng voneinander? Falls ja, warum ist das so? Wollen Sie gar nicht, dass die Kollegen und der Chef erfahren, was Sie noch so alles draufhaben? Warum nicht?

Etwa aus Bescheidenheit, weil Sie schon einmal schlechte Erfahrungen gemacht haben oder weil Sie sich nicht in den Vordergrund drängen wollen? Bescheidenheit gilt allgemein als Tugend, aber ich frage Sie: Wollen Sie immer nur zurückhaltend und blass erscheinen und dafür gelobt werden? Oder Ihre Fähigkeiten und Begabungen ausschöpfen und für sich entfalten können?

5. Wofür wurden Sie bisher gelobt?
Lob bekommen wir alle gern. Lob ist etwas Wunderbares. Aber wofür lobt man Sie eigentlich im Job? Für das, was Sie wirklich gut können? Für alle Ihre Begabungen und Fähigkeiten? Oder immer nur für etwas Bestimmtes? Sind Sie ein Kreativtalent, werden aber immer nur dafür gelobt, dass die Zahlen stimmen? Lobt man Sie stets für Ihre Zuverlässigkeit,

obwohl es vor allem Ihr Improvisationsgeschick ist, das Sie die unmöglichsten Aufgaben schaffen lässt?

Das Lob, das Sie bekommen, sagt viel darüber aus, wie man Sie wahrnimmt. Und leider ist es häufig so, dass Menschen in Schubladen gesteckt werden. »*Der ist zuverlässig, aber fantasielos*«, heißt es dann. Oder: »*Die sagt nie Nein, die kann ich bei jeder Sonderaufgabe fragen.*« Ist das auch das Bild, das Sie von sich haben? Haben andere ein falsches Bild von Ihnen? Könnte das auch daran liegen, dass Sie sich nur in einem bestimmten Licht zeigen bzw. bestimmte Facetten Ihres Wesens nicht zeigen wollen?

6. *Was haben Sie bisher schon alles geleistet?*

Spätestens bei der Beantwortung dieser Frage sollten Sie nicht mehr zwischen Beruf und Privatleben trennen, sondern sich ganzheitlich betrachten: Was haben Sie in Ihrem Leben schon geleistet? Haben Sie sich beispielsweise in einer schwierigen Geschwisterkonstellation behauptet? Den Schul- oder Studienabschluss unter widrigen Umständen errungen? Welche Hindernisse haben Sie auf dem Weg ins Berufsleben und im Laufe Ihrer Karriere überwunden? Welche schwierigen Projekte haben Sie zu einem guten Abschluss gebracht, welche herausfordernden Situationen gemeistert? Hatten Sie Erfolge sportlicher Art oder können Sie auf künstlerische Leistungen zurückblicken?

7. *Was wurde Ihnen geschenkt?*

Ihr Leben mag zurzeit schwierig sein. Aber es hat auch schon unerwartete, großzügige Geschenke für Sie bereitgehalten. Gab es da nicht Situationen, in denen Sie eine Prüfung wider Erwarten bestanden haben? Vielleicht sogar sehr gut? In denen Sie eine besondere Anerkennung, einen Bonus oder sogar eine Beförderung erhalten haben, mit der Sie nie gerechnet hätten? Vieles, was man für selbstverständlich halten könnte, ist bei näherem Hinsehen ein Geschenk: Einen Partner gefunden zu haben, mit dem Sie sich verstehen und auf den Sie sich verlassen können. Ein oder mehrere Kinder bekommen zu haben. Treue Freunde zu haben. Solche Geschenke machen Ihr Leben reich.

8. *Worauf sind Sie stolz?*
Auf das, was Sie in Ihrem Leben gut hinbekommen haben, können Sie zu Recht stolz sein: Ihre Ausbildung oder Ihr Studium, Ihren Berufsweg, wie »krumm« er auch gewesen sein mag, jede berufliche und private Krise, die Sie gemeistert haben. Sie dürfen auch stolz sein, wenn Sie es geschafft haben, neben Ihrem beruflichen Einsatz Ihr Familienleben oder ein Hobby zu pflegen, wenn Sie die Disziplin für regelmäßigen Sport aufbringen oder endlich mit dem Rauchen aufgehört haben. Oder wenn Ihre Kinder dank Ihrer Hilfe und Unterstützung den Schritt in ein selbstbestimmtes Leben erfolgreich bewältigt haben.

9. *Wie und wo hatten Sie Glück?*
Gewiss haben Sie mitunter schon von glücklichen Umständen profitiert: Wenn Sie den Zug verpasst haben, der später entgleist ist oder stundenlang mit einem Defekt auf der Strecke stand, wenn Sie aus einer gefährlichen Situation im Straßenverkehr gerade noch herausgekommen sind. Oder wenn Sie im Job zufällig zur rechten Zeit am rechten Ort waren und deswegen genau die spannende und zukunftsträchtige Aufgabe bekommen haben, die Sie sich gewünscht haben.

Wenn es um das Glück jenseits der glücklichen Zufälle geht, tun sich in meinen Coaching-Gesprächen viele Menschen schwer damit, diese Frage zu beantworten. Eine Klientin hat mir sogar gesagt: »*Ich weiß nicht, was Sie mit ›Glück‹ meinen. Ich weiß gar nicht, wie sich das anfühlt.*« Nun, die Antwort ist eigentlich ganz einfach: Glück ist das, was Sie als Glück definieren.
- Glück ist, jemanden zu haben, an den man denken kann.
- Glück ist, die Schönheit der Natur zu sehen.
- Glück ist, sich gesund zu fühlen.

- Glück ist, irgendetwas zu tun, was für einen selbst Sinn macht.
- Glück ist zu wissen, dass es das Glück gibt und dass es unverhofft kommt.

Nicht das Pech ist der Feind des Glücks, sondern die Passivität und Trägheit, die Anspruchshaltung dem Leben gegenüber. Glück heißt nicht, eine Million im Lotto zu gewinnen oder schön, gescheit, witzig und erfolgreich zu sein und deswegen von allen bewundert zu werden. Ihr Glück finden Sie in Ihrem eigenen Innern – wenn Sie es denn zulassen. Was bedeutet Glück für Sie ganz persönlich? Wo und wie haben Sie Glück erlebt? War das nicht ganz schön oft der Fall?

10. Was lieben Sie? Was macht Sie aus?

Jetzt sind wir beim Kern Ihres Wesens angelangt. Bei Ihren Wünschen und Träumen, bei den Dingen, die Ihr Lebenselixier sind, bei denen Sie mit Herz und Seele dabei sind. Was lieben Sie? Lieben Sie es, ein schönes Umfeld zu haben, Ihr Heim zu gestalten und dekorieren? Lieben Sie die Natur, das Wasser, den Wald? Gilt Ihr Herz einem Hobby, in dem Sie alles einbringen können, was Ihnen wichtig ist? Lieben Sie die Ruhe, das Alleinsein? Oder sind Sie gerne unter Menschen? Ist es das Reden, Verhandeln, Moderieren und Beraten oder eher das Tüfteln, das Sie glücklich macht? Gilt Ihre ganze Liebe Ihrem Partner und Ihrer Familie oder vielleicht einem Haustier? Oder gehen Sie am meisten in Ihrer Arbeit auf, leben Sie die Hingabe an Ihren Beruf, weil er Ihre wahre Berufung ist?

Was auch immer es ist, das Sie lieben: Stehen Sie dazu. Sie sind als Mensch einzigartig. Es ist nicht wichtig, dass Sie das lieben, was andere lieben oder gut finden. Wichtig ist, dass Sie erkennen, was Ihr ganz persönliches Lebenselixier ist und dass Sie dafür sorgen, dass Sie es auch bekommen. Räumen Sie ihm Platz in Ihrem Leben ein. Das ist kein Luxus, es ist eine Notwendigkeit, ein Grundbedürfnis. Das sollten Sie sich wert sein. Vielleicht ist Ihnen beim Lesen dieser Fragen bereits die eine oder andere Antwort eingefallen. Diese können Sie gleich in die Selbstmotivations-Checkliste eintragen:

1. Welche Erfolgsmomente hatten Sie bisher?

_____

_____

2. Was fällt Ihnen immer sehr leicht?

_____

_____

3. Was wissen Sie von sich, das Sie wirklich gut, ja exzellent können?

_____

_____

4. Wie dient Ihnen Ihr Können?

_____

_____

5. Wofür wurden Sie bisher gelobt?

_____

_____

6. Was haben Sie schon alles geleistet?

_____

_____

7. Was wurde Ihnen geschenkt?

_____

_____

8. Worauf sind Sie stolz?

_____

_____

9. Wie und wo hatten Sie Glück?

_____

_____

10. Was lieben Sie? Was macht Sie aus?

_____

_____

Belassen Sie es nicht bei dem einmaligen Durchlesen und den spontanen Notizen. Nehmen Sie sich Zeit. Denken Sie in den nächsten Tagen über die einzelnen Punkte nach und ergänzen Sie, was Ihnen dazu einfällt. Sprechen Sie bei einem ausgiebigen Spaziergang mit Ihrem Partner, mit Freunden oder einem Exkollegen darüber. Sie werden sehen: Nach und nach wird in Ihnen ein Bild heranreifen. Sie werden erkennen: *»Ja, das zeichnet mich aus, das kann ich, das bin ich.*«

Und nun, da Sie (wieder) wissen, wer Sie sind, was für Sie wichtig ist in Ihrem Leben, nun sind Sie in der richtigen Verfassung, um sich auf den Neubeginn zu konzentrieren. Jetzt können Sie sich mit der entscheidenden Frage beschäftigen:

11. Was ist Ihr Ziel?

Was wünschen Sie sich für Ihre berufliche Zukunft? Wohin soll die Reise gehen? Sie können diese Fragen auf einer allgemeinen Ebene beantworten, etwa so: *»Ich will wieder mehr meine Wünsche und Träume leben. Ich will wieder eine Arbeit haben, die mir Spaß macht und in der ich Anerkennung finde.*« Vielleicht zeichnet sich für Sie auch schon ein konkreteres Bild ab: *»Ich will weniger reisen und mehr Zeit für meine Familie haben.*« Oder: *»Ich will weg vom reinen Sachbearbeiterjob, will hin zum Lehren und Beraten.*«

Was auch immer es sein mag, überlegen Sie im nächsten Schritt: Was können Sie tun, um diesem Ziel näherzukommen? Nicht allgemein gesprochen, irgendwann, sondern ganz konkret, heute schon? Rufen Sie Freunde an, um gleich für das nächste Wochenende eine schöne, gemeinsame Unternehmung zu vereinbaren. Planen Sie heute die nächste Aktivität, die Sie glücklich macht. Recherchieren Sie jetzt, welche Tätigkeit und welches Unternehmen für Sie infrage kommen könnten. Es geht nicht darum, in hektischen Aktionismus zu verfallen oder mit Aktivitäten die innere Leere zu überdecken. Sondern ganz im Gegenteil: Sie wissen wieder, was in Ihrem Leben zählt. Und heute, jetzt, beschreiten Sie den Weg, der Sie zur Verwirklichung Ihrer Ziele führt. Sie tun das, was Sie gerne tun und was Ihnen Kraft gibt. Sie holen sich Anregungen, Impulse, Ideen. Sie tun das, was Sie Ihrem Ziel näherbringt.

Was können Sie in den nächsten zwei Wochen dafür tun? Zum Beispiel täglich einige Stunden dafür reservieren, infrage kommende Unternehmen zu recherchieren und Informationen über sie und mögliche Aufgaben für Sie zu sammeln. Alte Kontakte reaktivieren. Ein Englischtraining oder eine Computerschulung buchen.

Wenn Sie das Ganze etwas längerfristig betrachten: Was wollen Sie in den nächsten drei bis zwölf Monaten tun, um Ihrem Ziel näherzukommen? Wollen Sie sich bis dahin beispielsweise bestimmte Schlüsselqualifikationen aneignen? Eine bestimmte Anzahl von Kontakten knüpfen bzw. reaktivieren? Drei oder fünf konkrete, Erfolg versprechende Bewerbungen platzieren?

Aufgabe 9: Halten Sie das Ergebnis Ihrer Überlegungen schriftlich fest:

Was ist Ihr Ziel?

_____

_____

Was können Sie tun, um diesem Ziel näherzukommen bzw. um es zu erreichen?

In den nächsten zwei Wochen?

_____

_____

In den nächsten drei Monaten?

_____

_____

Bis in einem Jahr?

_____

_____

Sie halten das für unrealistisch? Sie glauben, das, was Sie wirklich wollen, sei nicht zu verwirklichen? Das glaube ich ganz und gar nicht. Ich habe in meiner Praxis viele Menschen kennengelernt, die an Scheidewegen standen und eine neue Orientierung gesucht haben. Es hat immer wieder welche gegeben, die den Absprung nicht geschafft haben, die sich nicht zu ihren Wünschen und Träumen bekennen wollten oder konnten und den Weg der (vermeintlichen) Sicherheit und der Unzufriedenheit gewählt haben. Aber ich durfte auch immer wieder mit Menschen arbeiten, für die es eine Erleichterung war, endlich den Mut aufzubringen und ihrem Leben eine neue Wendung zu geben. Ja, das muss manchmal mit einem Verzicht auf Bequemlichkeit, auf vertraut gewordene Umgebungen, auf Sicherheit oder auch auf finanziellen Komfort erkauft werden. Aber der Weg zu Ihrem Glück ist eben ein individueller Weg. Und Glück ist keine Geldfrage. Geld ist wichtig, das stimmt. Wir alle müssen unseren Lebensunterhalt finanzieren und uns für unser Alter absichern. Doch wollen Sie am Ende Ihres Lebens zu sich sagen müssen: *»Ich war zutiefst unglücklich und konnte nie das machen, was ich wirklich wollte, aber wenigstens hatte ich genug Geld«*?
Mutig war beispielsweise die Entscheidung von Gisela V.

Gisela hatte einen sehr guten Job, als sie zu mir kam. Sie war strategische Einkäuferin in einem großen Unternehmen, verdiente sehr gut, war erfolgreich und angesehen bei den Kollegen und Vorgesetzten. Aber sie war nicht glücklich. Sie war 47, seit 15 Jahren im Unternehmen, fühlte sich aber als Mensch nicht bestätigt und wertgeschätzt. Alles schien ihr nur auf das Funktionierenmüssen und aufs Geld hinauszulaufen. Sie wurde immer unzufriedener, bekam auch körperliche Symptome wie heftige Kopfschmerzattacken.

Wir redeten über ihre Arbeit und ihre Erwartungen an das Leben. Im Laufe des Coaching-Prozesses erkannte sie immer klarer, dass diese Arbeit einfach nicht das Richtige für sie war. Um das Richtige für sich zu finden, machte sie auch zu Hause regelmäßig eine Kreativitätsübung: Sie legte sich auf das Sofa, hörte entspannende Musik und konzentrierte sich auf ihren wichtigen Satz: »*Ich sammle Ideen für meinen Neubeginn.*« *Nach 15 bis 30 Minuten zeichnete sie auf, welche Bilder und Gedanken ihr durch den Kopf gegangen waren. Sie erinnerte sich an die glücklichste und spannendste Zeit ihres Lebens, als sie zwischen zwei Festanstellungen für ein Jahr in Mexiko gelebt hatte. Dann wurde ihr bewusst:* »*Das will ich. Ich will reisen, im Ausland leben, selbstbestimmt arbeiten.*«

Sie redete lange mit ihrem Mann, der zunächst zwar wenig begeistert war, dann aber einwilligte, weil er sah, wie unglücklich sie war. Dann ging sie zu ihrem Chef, handelte einen Auflösungsvertrag aus und buchte mehrere Workshops zum Thema »*Interkulturelles Management und Trainings*«. *In ihrem alten Unternehmen war man fassungslos, sogar beleidigt. Ihre Freunde waren entsetzt:* »*Wie kannst du nur einen so guten Job hinschmeißen für eine spleenige Idee!*«

Gisela knüpfte über die Workshops Kontakte und ging wieder für ein Jahr nach Mexiko. Dort baute sie in einem kleinen Institut einen Trainingsbereich auf. Inzwischen ist sie wieder zurück in Deutschland und hat neue Pläne: Sie wird sich mit einem Trainernetzwerk, einer Organisation für inter-

kulturelle Trainings, zusammentun und freiberuflich arbeiten.
Ihre Kopfschmerzattacken kamen nicht wieder. Sie weiß, dass
ihre berufliche Zukunft wesentlich unsicherer ist als zuvor.
Aber sie ist endlich wieder glücklich, fühlt sich kreativ und
voller Energie.

Nicht jeder will sein Leben so radikal umkrempeln, wie
Gisela es getan hat. Aber: Wenn Sie wollten, könnten Sie
es genauso tun. Sie stecken nicht fest in einer Sackgasse. Es
liegen viele Wege vor Ihnen.

So »verkaufen« Sie sich auf dem Arbeitsmarkt

Zuerst die schlechte Nachricht: Ab etwa 55 ist es tatsächlich
nicht einfach, eine neue Festanstellung zu finden. Das gilt
leider auch für qualifizierte Jobs. Die Gründe dafür sind einfach und eigentlich auch gut nachzuvollziehen: Mit 55 sind
Sie vergleichsweise teuer. Sie haben einen bestimmten Ge-
haltsanspruch. Selbst wenn Sie bereit wären, für weniger,
sogar unter Tarif zu arbeiten und auf Betriebsrentenan-
sprüche zu verzichten, können die Unternehmen auf Ihr An-
gebot nicht eingehen – es gibt ja schließlich Antidiskrimini-
rungsvorschriften, Betriebsvereinbarungen und gesetzliche
Regelungen, die genau das verbieten. Gleichzeitig ist es für
ein Unternehmen finanziell riskant, einen wichtigen, gut bezahlten Job einem über Fünfzigjährigen anzuvertrauen. Die
Wahrscheinlichkeit, dass dieser Mitarbeiter bald nicht mehr
so leistungsfähig und up to date ist oder auf eine höhere Anzahl an Krankentagen kommt, ist statistisch betrachtet deutlich größer als bei einem Dreißigjährigen, den man für ein ge-
ringeres Gehalt bekommen kann.

Es ist schwierig. Aber es ist nicht aussichtslos. Auch für
Ältere gibt es Chancen, wenn sie bestimmte Qualifikationen
haben, die dringend gesucht werden. Ich habe schon Fälle

erlebt, wo Unternehmen so verzweifelt auf der Suche nach einem Spezialisten waren, dass sie gerne jemanden mit 58 eingestellt haben. Vielleicht bekommen Sie dann keine »richtige« Festanstellung, sondern eine befristete. Aber immerhin.

Natürlich spielen auch Branchenregeln und Unternehmenskulturen eine Rolle. In manchen Branchen, insbesondere bei den Kreativen, Werbern und Designern, herrscht tatsächlich ein gravierender Jugendwahn vor. Ich kenne einen Grafiker, der mit 53 eine Festanstellung suchte und am Telefon mehrmals zu hören bekam: »*Nein, tut uns leid, aber wir sind hier ein junges Team.*« Doch es gibt auch Unternehmen, die gerade die Generation 50 plus als attraktive Zielgruppe entdecken. Die brauchen Werber, die für diese Zielgruppe einfühlsam und glaubhaft arbeiten können – was einem Mittzwanziger schwerfallen dürfte. Wenn man gezielt nach solchen Unternehmen sucht und mit ihnen ins Gespräch kommt, kann man sich dort eventuell sogar besser »verkaufen« als ein jüngerer Mitbewerber.

Ja, mit dem Sichverkaufen haben viele über Fünfzigjährige so ihre Probleme. Aber das gehört eben dazu. Es ist nicht die originäre Aufgabe von Unternehmen, sichere Arbeitsplätze zur Verfügung zu stellen, für gesellschaftlichen Frieden durch die Einstellung von älteren oder länger Arbeitslosen zu sorgen oder die persönliche Entfaltung ihrer Mitarbeiter zu gewährleisten. Unternehmen existieren so lange, wie sie es schaffen, konkurrenzfähige Produkte und Leistungen zu marktfähigen Preisen zu erstellen und abzusetzen. Dafür stellen sie die Mitarbeiter ein, die dazu beitragen können, genau dies zu gewährleisten. Es ist Ihre Sache, das Unternehmen Ihrer Wahl davon zu überzeugen, dass Sie für seine Zielerreichung nützlich sind. Wer sonst sollte das für Sie tun? Es ist nicht entwürdigend oder demütigend, sich geschickt zu verkaufen. Es ist Teil Ihrer Aufgabe.

Übrigens gibt es sogar Stellen, die Sie erst ab einem gewissen Alter richtig ausfüllen können, in denen ein Jüngerer aufgrund seines Alters und seiner geringeren Lebenserfahrung wesentlich schlechtere Chancen hätte.

Edith Z. besuchte mein Seminar »Neuorientierung in der Lebensmitte«. Sie war 48 und hatte eine unangenehme Zeit hinter sich. Sie hatte im Marketing gearbeitet, hatte die Stelle aber im Zuge von Rationalisierungsmaßnahmen verloren. Dann hatte sie bei einem Headhunting-Unternehmen angeheuert, aber festgestellt, dass ihre Arbeit dort oberflächlich, unehrlich und hart war und sie einem extremen Erfolgsdruck ausgesetzt war. Dort wollte sie nicht bleiben. Aber was sollte sie tun?

Am Wochenende nach dem Seminar las sie »zufällig« die Anzeige eines alternativen Bestattungsinstituts in einem Stadtteilblatt. Man suchte dort jemanden für das Marketing und die telefonische Kundenbetreuung. Zuerst lachte Edith, als sie die Anzeige las. Hatten doch ihre Eltern ein Bestattungsunternehmen gehabt, es aber verkauft, weil keines der Kinder – auch Edith nicht – nur das geringste Interesse daran gezeigt hatte, es weiterzuführen. Sie fing dennoch bei dem alternativen Bestatter an. Anfangs lernte sie alle Bereiche kennen und war überwiegend für das Marketing zuständig. Dann absolvierte sie eine Ausbildung zur Trauerbegleiterin. Heute, fünf Jahre später, arbeitet sie immer noch dort. Ihr Fazit? »Ja, das ist eine sehr anstrengende, kräftezehrende, oft belastende Arbeit. Aber ich tue etwas Wichtiges, etwas Sinnvolles. Das ist die richtige Arbeit für mich.«

Welche Chancen wohl eine Dreißigjährige gehabt hätte, in dieser Arbeit ihre Erfüllung zu finden? Ein Beispiel, das zeigt, dass Sie auch in der Lebensmitte eine neue Festanstellung und eine neue persönliche Berufung finden können.

Die beruflichen Wege werden mit zunehmendem Alter manchmal gewundener. Perspektiven bieten sie dennoch. Wie also können Sie es anstellen, mit über 50 tatsächlich noch eine Festanstellung zu bekommen? Wie »verkaufen« Sie sich auf dem Arbeitsmarkt? Nach meiner Erfahrung haben sich folgende Tipps als nützlich erwiesen:

Tipp 1: Nutzen Sie Ihr Netzwerk

Der beste Weg, einen neuen Job zu finden, ist der über persönliche Kontakte und Empfehlungen. Es ist eine Tatsache, dass der Löwenanteil der Stellen eben nicht über den »offiziellen« Stellenmarkt, über die Stellenausschreibungen in den Tageszeitungen und die Internet-Stellenbörsen vergeben wird. Mindestens zwei Drittel aller Stellen werden besetzt, weil jemand im Unternehmen jemanden außerhalb kennt, der infrage kommen könnte.

Die wichtigste Voraussetzung dafür, über Kontakte den Weg in ein neues Unternehmen zu finden, ist die, dass Sie möglichst vielen Leuten sagen, dass Sie suchen. Ich höre immer wieder: »*Ach, so ein Netzwerk habe ich nicht, wen soll ich denn da fragen?*« Jeder von Ihnen hat ein Netzwerk. Nur, dass Ihnen das nicht unbedingt bewusst ist.

Es ist ganz einfach: Sagen Sie jedem, wirklich jedem, den Sie kennen und mit dem Sie sprechen, dass Sie auf Jobsuche sind – Ihren entfernteren Familienangehörigen, Ihren Freunden, Ihren Nachbarn, Ihren Vereinskameraden, den Mitgliedern Ihrer Kirchengemeinde, Ihrer Ärztin, Ihrem Banksachbearbeiter, der Steuerberaterin oder dem Friseur. Wenn Sie im Internet aktiv sind, können Sie auch dort in Chatforen und in virtuellen Netzwerken Ihre Stellensuche bekannt geben. Je mehr Menschen wissen, dass Sie suchen, was Sie können und was Sie wollen, desto größer sind die Aussichten, auf diesem Weg tatsächlich etwas zu finden.

Das ist Ihnen peinlich? Sie wollen nicht, dass Ihre Bekannten erfahren, dass Sie arbeitslos oder auf Jobsuche sind? Machen Sie sich keine Illusionen: Irgendwann erfahren sie es sowieso. Und dann doch lieber von Ihnen selbst. Gehen Sie offen und aktiv damit um. Es ist keine Schande, eine neue Stelle zu suchen. Nutzen Sie die Buschtrommeln. Oft führen unerwartete Wege zu einer neuen Arbeit. Meine Klientin Paula M. fand ihren neuen Job beispielsweise beim Sport:

Paula stärkte ihre Rückenmuskulatur im Fitnessstudio und plauderte bei der Gelegenheit mit einer Frau, die nebenan trainierte. Die beiden kannten sich vom Sehen aus dem Studio. Paula erzählte, dass ihr im Zuge eines größeren Stellenabbaus gekündigt worden war und sie, noch in der Kündigungsfrist, nicht recht wusste, was sie machen sollte. Noch dazu in ihrem Alter, mit 54!

Die Sportkollegin hörte aufmerksam zu und fragte, was Paula denn mache. Kaufmännische Sachbearbeitung war die Antwort. Ja, also sie sei Geschäftsführerin eines kleinen IT-Unternehmens und bräuchte gerade Verstärkung für die Auftragsbearbeitung. Ob sie Interesse hätte? Die beiden vereinbarten eine dreimonatige Probezeit. Inzwischen hat Paula wieder einen unbefristeten Arbeitsvertrag.

Tipp 2: Verschicken Sie Bewerbungen nur nach sorgfältiger Recherche

Manche Stellensuchenden verfahren nach dem Schrotschussprinzip: »*Wenn ich nur genügend Kugeln in den Wald schieße, werde ich schon irgendetwas treffen.*« Sie bewerben sich auf alle Anzeigen, die auch nur im Entferntesten etwas mit ihren Qualifikationen zu tun haben und schicken noch eine stattliche Anzahl Blindbewerbungen hinterher. Das klappt oft sogar: Nach zwei- oder dreihundert Bewerbungen springt vielleicht wirklich ein neuer Job dabei heraus.

Aber im Ernst: Wenn Sie 200 Bewerbungen verschicken und dann nach und nach 199 Absagen erhalten – falls die Unternehmen überhaupt antworten –, ist das nicht nur sehr arbeitsaufwendig und (bei Print-Bewerbungen) teuer, sondern auch ganz schön frustrierend. Das müssen Sie erst einmal aushalten, selbst wenn die 200. Bewerbung tatsächlich erfolgreich ist. Es mag für Sie beruhigend sein, massenhaft Bewerbungen zu produzieren – Sie haben dann wenigstens das Gefühl, etwas zu tun, und können dies auch der Arbeitsagentur beweisen. Aber faktisch erreichen Sie mehr, wenn Sie weniger aktionistisch handeln: Suchen Sie gezielt nach Unternehmen, für die Sie arbeiten möchten und die Ihre Arbeitsleistung und Ihr Know-how brauchen könnten. Informieren Sie sich gezielt über deren Geschäftsstrategie, Unternehmenskultur, Produkte, Leistungen und mögliche Ansprechpartner. Stellen Sie dann zu diesen einen Kontakt her.

Tipp 3: Verschicken Sie keine Blindbewerbung ohne positiven Erstkontakt

Das Geld und die Mühe für Bewerbungen, die Sie ohne ausgeschriebenes Stellenangebot und ohne vorherigen Kontakt an Unternehmen schicken, können Sie sich sparen. Blindbewerbungen werden in den allermeisten Unternehmen sofort und kommentarlos zurückgeschickt oder vernichtet.

Wenn Sie jedoch glauben, ein interessantes Unternehmen gefunden zu haben, für das Sie eine Bereicherung darstellen könnten, müssen Sie nicht auf eine Bewerbung verzichten, nur weil dieses Unternehmen derzeit keine Stellenausschreibung laufen hat. Finden Sie über die Recherche auf der Website oder über die Telefonzentrale heraus, wer für Sie der richtige Ansprechpartner sein könnte, und rufen Sie diesen an. Erzählen Sie, wer Sie sind, was Sie für das Unternehmen tun könnten und warum Sie gerne dort arbeiten möchten. Fragen Sie, ob es nicht eine Möglichkeit gibt, miteinander näher ins Gespräch zu kommen, selbst wenn derzeit gerade keine Stelle ausgeschrieben ist. Oft werden Sie zwar als Antwort ein »Nein, tut mir leid, kein Bedarf« hören. Aber manchmal wird sich ein interessantes Gespräch ergeben mit der Aufforderung, doch einmal Ihre Unterlagen ins Unternehmen zu schicken. Und schon können Sie sich in Ihrer Bewerbung auf das Gespräch beziehen. Ein paar Tage später rufen Sie wieder an und fragen, ob man denn schon Zeit hatte, Ihre Unterlagen zu studieren, und ob man sich denn unverbindlich kennenlernen könne …

Tipp 4: Rechtfertigen Sie sich nicht für Ihr Alter

»Ich bin zwar schon 48, aber könnten Sie meine Bewerbung nicht trotzdem berücksichtigen?« Wenn ich als Interims-Personalleiterin Bewerbungen sichte, stoße ich immer wieder auf Unterlagen, deren Absender sich bereits im Anschreiben für ihr Alter rechtfertigen und beinahe um Entschuldigung bitten, dass sie es dennoch wagen, sich zu bewerben.

Eines möchte ich hier ganz klar festhalten: Niemand schaut zuerst auf das Alter der Bewerber. Ein Personaler schaut auf die Qualifikationen, die Erfahrungen, ja, auch danach, ob Sie auf dem Foto sympathisch wirken und wie Sie begründen, warum Sie für den fraglichen Job bestens geeignet sind. Wenn Sie selbst Ihr Alter als Problem sehen und das in Ihrer Bewerbung zum Ausdruck bringen, dann ist es auch ein Problem. Dann vermitteln Sie höchstpersönlich dem Personaler die Überzeugung, eigentlich schon zu alt zu sein. Dann brauchen Sie sich über eine sofortige Absage auch nicht zu wundern. Wenn Sie dagegen bestens qualifiziert und fit genug für einen Job sind und davon auch selbst überzeugt sind, dann ist Ihr Alter zweitrangig. Ja, wenn ein anderer Bewerber genauso gut ist wie Sie und erst Anfang 40, kann es sein, dass er eher eingeladen und auch eingestellt wird als Sie mit Mitte 50. Kann sein, muss aber nicht. Und er muss ja erst einmal genauso gut sein wie Sie!

Also: Gehen Sie in Ihrem Anschreiben niemals auf Ihr Alter ein, sondern nur auf Ihre Eignung und Ihre Begeisterung für den Job.

Tipp 5: Stellen Sie Ihre Unterlagen äußerst sorgfältig zusammen

Selbstverständlich bewerben Sie sich nur mit vollständigen, übersichtlich und nach dem aktuell üblichen Stand zusammengestellten Unterlagen. Alles, was Sie dazu wissen müssen, können Sie in einem Bewerbungstraining oder bei der Lektüre entsprechender Ratgeber erfahren. Doch das allein reicht nicht. Besondere Bedeutung haben zusätzlich das Anschreiben und Ihr Foto. Das Bild lassen Sie bitte bei einem professionellen Fotografen machen, und zwar in Businesskleidung und idealerweise, nachdem Sie die Dienste einer Visagistin in Anspruch genommen haben. Gute Fotografen bieten das ohnehin an. Ich bin immer wieder fassungslos, wenn ich sehe, mit welchen Bildern sich Menschen um eine Stelle bewerben. Da sind Urlaubsfotos mit Wanderkleidung in den Bergen dabei, fröhliche rote Gesichter von der Geburtstagsfeier der Lieblingstante oder Automatenbilder in einer Qualität, die ich nicht einmal in meinen Skipass kleben würde. Verzeihen Sie die offenen Worte, aber das geht einfach nicht. Mit so einem Bild machen Sie sich selbst unmöglich – und dabei spielt Ihr Alter definitiv keine Rolle!

Auf Ihr Anschreiben sollten Sie mindestens genauso viel Sorgfalt verwenden. Jedes Anschreiben muss individuell auf die konkrete Ausschreibung bzw. das Unternehmen zugeschnitten sein. Es muss daraus hervorgehen, warum Sie sich gerade dort bewerben und warum Sie eine gute Wahl für die fragliche Position sind.

Viele Unternehmen bevorzugen inzwischen E-Mail-Bewerbungen. Ihr Vorteil ist die Schnelligkeit: Sie sind schnell da, schnell gesichtet und schnell zu beantworten. Mit einer guten E-Mail-Bewerbung haben Sie deshalb schon rein zeitlich gesehen die Nase vorne. Doch Vorsicht: Gerade die Schnelligkeit des Mediums verleitet mitunter zu einer gewissen Schludrigkeit. Ich bekomme mitunter Mails mit dem Text »*Hallo, hier sind wie besprochen meine Unterlagen*«. Manchmal sogar noch mit Tippfehlern im ohnehin kurzen Text. Das ist inakzeptabel. Auch eine E-Mail-Bewerbung ist eine Bewerbung und benötigt ein sauberes Anschreiben.

Tipp 6: Vermeiden Sie die Beliebigkeitsfalle

Sie wollen einen neuen Job. Oder Sie wollen endlich wieder einen Job. Vielleicht suchen Sie schon länger und sind inzwischen an einem Punkt angelangt, an dem Sie alles machen würden – Hauptsache, es nimmt Sie endlich jemand! So weit dürfen Sie es nicht kommen lassen. Nicht nur, weil das Ihr Selbstwertgefühl untergräbt, sondern auch, weil Sie mit der »Ich nehme jede Arbeit an«-Einstellung wahrscheinlich überhaupt keine Arbeit bekommen. Neulich saß mir in einer Bewerbungsrunde so jemand gegenüber.

Herbert K. hatte sich für die Personalabteilung beworben. Er war 49 und seit einigen Monaten arbeitslos. Ich fragte ihn, für welche der offenen Positionen er sich denn interessiere, für die des Personalreferenten oder für die des operativen Personalleiters. Er antwortete, das sei ihm egal, er wolle nur wieder im Personalbereich arbeiten. Nach dem Interview war klar: Herbert K. kam für keine der beiden Positionen infrage. Was soll man mit jemandem anfangen, der selbst nicht einmal klar artikulieren kann, was er will?

Aus Sicht der Unternehmen ist die »Egal was«-Einstellung nicht nur ein Zeichen mangelnder Klarheit und fehlenden

Selbstbewusstseins. Sie birgt auch ein weiteres Risiko: Wenn vorab nicht klar ist, ob und inwieweit die Erwartungen und Wünsche des Bewerbers mit den Anforderungen der Stelle zusammenpassen, dann ist die Gefahr groß, dass der Betreffende das Unternehmen sofort wieder verlässt, wenn er doch noch etwas Besseres findet. Dann muss der ganze Prozess der Stellenausschreibung und Bewerberauswahl von vorne begonnen werden – das tut sich niemand freiwillig an.

Also: Bewerben Sie sich nur auf Stellen, die Sie auch wirklich haben wollen, und formulieren Sie im Vorstellungsgespräch deutlich, worauf es Ihnen ankommt. Es mag sein, dass Sie sich dadurch die eine oder andere Absage einhandeln. Aber insgesamt erhöht es Ihre Aussichten darauf, eine für Sie passende Stelle zu bekommen, in der Sie sich dauerhaft wohlfühlen.

Tipp 7: Lassen Sie sich nicht auf die Negativspirale ein

Nicht nur die Beliebigkeit schleicht sich bei einer längeren Stellensuche häufig ein. Mit jeder zurückgeschickten Bewerbung, mit jedem Telefonat, bei dem Sie abgewimmelt werden, und jedem Vorstellungsgespräch, auf das eine Absage folgt, steigt die Gefahr, in die Negativspirale zu geraten. Absagen sind nicht schön. Sie schmerzen. Manche Menschen benehmen sich unangemessen und unsensibel Bewerbern gegenüber. Und schon sind sie da, die schwarzen Gedanken: »*Ja, in meinem Alter habe ich einfach keine Chance mehr. Jetzt habe ich es wieder probiert, aber es war ja klar, dass die mich auch nicht wollen.*«

Ich habe schon Bewerber erlebt, die so mutlos, desillusioniert und negativ aufgetreten sind, dass selbst der wohlwollendste Personaler der Welt sie nicht eingestellt hätte. Unternehmen suchen Menschen, die für sie Aufgaben übernehmen und Probleme lösen, und keine neuen Problemfälle.

Also: Nehmen Sie sich Zeit, um Absagen und negative Erfahrungen zu verarbeiten. Aber gehen Sie an die nächste Bewerbung oder ins nächste Gespräch genauso gut vorbereitet, interessiert und gesprächsbereit wie in das erste. Dass es das letzte Mal und die fünf Male zuvor nicht geklappt hat, heißt gar nichts.

Tipp 8: Zeigen Sie Entschlussfreude

Die letzte Falle, in die Sie tappen könnten, ist die der Zögerlichkeit und Unentschlossenheit. Gerade ältere Bewerber trauen sich oft wenig zu und lassen im Gespräch erkennen, dass sie sich nicht sicher sind, ob sie die angepeilte Position überhaupt ausfüllen können. Selbst wenn es so sein sollte und Sie wirklich unsicher sind: Das Bewerbungsgespräch ist nicht der richtige Zeitpunkt, um damit herauszurücken.

Oft wird die Unsicherheit auch indirekt ausgedrückt, indem man sich unverhältnismäßig lange Bedenkzeiten ausbittet. Es ist noch gar nicht lange her, da habe ich einem älteren Bewerber gesagt, dass man sich für ihn entschieden habe und das Unternehmen ihm gerne einen Arbeitsvertrag anbieten wolle. Die Antwort? *»Ja, das muss ich mir noch überlegen. Ich mache die nächsten zwei Wochen Urlaub an der Nordsee, da denke ich darüber nach und melde mich dann wieder.«*

Was er mit dieser Antwort tatsächlich gesagt hat? Dass er zögerlich, nicht entscheidungsfreudig, nicht engagiert und an der Stelle nicht besonders interessiert ist. Solche Patzer sollten Sie vermeiden. Keine Angst, niemand erwartet, dass Sie noch im Gespräch Ihre Zusage geben und einen Vertrag unterschreiben. Wenn Sie nicht sicher sind, ob Sie die Stelle wirklich ausfüllen können und wollen, sollten Sie sich Ihre Chancen jedoch nicht durch allzu ausgeprägte Zögerlichkeit ruinieren. Sagen Sie etwas in der Art: *»Ja, diese Aufgabe finde* *ich sehr spannend. Ich möchte mir das noch übers Wochenende überlegen und mit meiner Familie besprechen. Am Montag melde ich mich bei Ihnen.«* Das wirkt souverän und entschlussfreudig.

So positionieren Sie sich erfolgreich in der Selbstständigkeit

Auch wenn Sie sich bisher nicht allzu viele Gedanken darüber gemacht haben: Die Selbstständigkeit könnte für Sie eine echte Alternative zur Festanstellung sein. Ob Sie als Selbstständiger glücklich und erfolgreich werden können? Das kommt darauf an, wie fit Sie sind und wie gut Sie sich vermarkten können.

Eine Selbstständigkeit ist nichts für Sie, wenn Sie feste Strukturen und die vertraute Umgebung mit immer denselben Menschen um sich herum brauchen. Auch feste Arbeitszeiten und ein sicheres, gleich bleibendes Gehalt sollten auf Ihrer Prioritätenliste nicht ganz oben stehen. Viele Menschen, insbesondere wenn sie schon lange angestellt waren, scheuen vor der Selbstständigkeit zurück. Das hat im Wesentlichen drei Gründe: Zum einen ist das Netz der sozialen Sicherheit für Selbstständige viel dünner. Sie haben keinen Kündigungsschutz, keinen Anspruch auf bezahlten Urlaub oder Lohnfortzahlung im Krankheitsfall. Ihre Altersvorsorge müssen Sie ebenso selbst finanzieren wie Ihre Weiterbildung. Wenn das Geld knapp wird, können Sie nicht einfach auf den Monatsersten warten, denn wenn Sie nichts abrechnen können, kommt eben kein Geld herein.

Zum Zweiten sind Sie als Selbstständiger in der Regel ein »Einzelkämpfer«. Sie können zwar ein Büro mieten. Aber Sie treffen dort nicht auf Ihre Kollegen, Ihre Teamsekretärin oder all die anderen Menschen, die in einem großen Unternehmen um Sie herum wären. Sie haben keine klaren Kompetenzen und können nie sagen: »*Das muss ich nicht machen, das ist Kollege Meiers Aufgabe.*« Drittens müssen Sie als Selbstständiger erst recht fit und aktiv sein. Selbstständig heißt tatsächlich »selbst« und »ständig«. Ihre Kunden interessiert nicht, ob Sie schlecht geschlafen haben oder mit einer schweren Erkältung kämpfen. Schlechte Leistungen oder nicht eingehaltene Abgabetermine bringen Ihnen zwar keinen Rüffel vom Chef mehr ein – dafür aber den Verlust von Kunden und damit Ihres Einkommens.

Diese Gründe halten viele, nicht nur ältere Arbeitnehmer davon ab, sich selbstständig zu machen. Warum ich es Ihnen trotzdem als Alternative ans Herz legen möchte? Ich selbst bin seit vielen Jahren selbstständig und kenne auch die Vorteile, die das mit sich bringt. Ich kenne auch andere sehr erfolgreiche Selbstständige, die zuvor angestellt waren. Die als ehemalige Sekretärin einen Büroservice gegründet haben, als früherer angestellter Vertriebsingenieur nun freier Handelsvertreter sind oder als ehemalige Inhouse-Redakteurin nun externe Lektoratsdienstleistungen anbieten.

Die meisten von ihnen sind wie ich sehr glücklich mit ihrer selbstständigen Existenz und würden keine Festanstellung mehr haben wollen. Selbstständig zu arbeiten heißt, freier und selbstbestimmter zu arbeiten. Wenn Sie wirklich gut sind, können Sie sich Ihre Kunden und Aufträge aussuchen. Sie können so arbeiten, wie Sie es wollen, auch mal einen Nachmittag freinehmen, ohne dafür einen Urlaubsantrag stellen zu müssen. Sie können Ihre Ideen verwirklichen und sind nicht von der Entscheidung eines Chefs abhängig. Wenn Sie keine Verankerung in einer Organisation brauchen, Ihre Freiheit schätzen und gerne das tun, was Sie für richtig halten, ist die Selbstständigkeit vermutlich sogar eine sehr gute Alternative für Sie.

Selbstständigkeit ist ohnehin nicht gleich Selbstständigkeit.

Alternative 1: »Echte« Selbstständigkeit

Haben Sie bisher schon viele interne Schulungen gehalten? Dann könnte eine Tätigkeit als Trainer für Sie interessant sein. Als IT- oder Marketingspezialist können Sie Ihre Dienste kleineren Unternehmen anbieten, die sich einen eigens angestellten Experten nicht leisten können bzw. ihn nicht auslasten könnten. So könnten Sie das, was Sie bisher intern gemacht haben, zukünftig selbstständig als externer Dienstleister für mehrere Kunden tun. Ob Sie nun Buchhalter, Programmierer, Personalentwickler, Werber, Texter oder Produktmanager waren bzw. sind – alle diese Berufe lassen sich auch selbstständig ausüben. Das Gute daran ist: Hier spielt Ihr Alter praktisch keine Rolle. Wenn Sie als externer Dienstleister tätig sind, zählt nur Ihre Leistung.

Wilfried N. ist so ein »Outsourcing-Fall«: Er ist 54 und Leiter der Gehaltsabrechnung in einem größeren Unternehmen. Dort hat man entschieden, die Gehaltsabrechnung auszulagern. Wilfried muss die Übergabe an den externen Dienstleister abwickeln. Anschließend wird sein bisheriger Arbeitgeber ihn entlassen. Er hat ihm aber angeboten, zukünftig die Koordination und Überwachung des Abrechnungsdienstleisters zu übernehmen und als eine Art »Brückenkopf« zu fungieren. Das Geld, das Wilfried dafür bekommen wird, reicht gerade so, um seinen Lebensunterhalt zu bestreiten. Aber der Job lastet ihn zeitlich ohnehin nicht aus. Er wird sich weitere Kunden suchen, die er in Sachen Gehaltsabrechnung berät und denen er ebenfalls seine »Brückenkopf-Tätigkeit« anbieten will.

Trotzdem ist eine Existenzgründung nichts, was Sie so mal eben starten können. Eine Selbstständigkeit muss mindestens so gut vorbereitet werden wie eine »normale« Stellensuche – eher noch besser. Sie brauchen eine solide Geschäftsidee mit guten Vermarktungschancen. Sie sollten gute Kontakte in Ihrem Markt haben und idealerweise schon ein paar Kunden.

Sie sollten eine Gründungsberatung in Anspruch nehmen, die Ihnen die rechtlichen und wirtschaftlichen Grundlagen vermittelt, und einen vernünftigen Businessplan erstellen. Für Gründungsberatungen und -coachings gibt es übrigens sogar Förderungen durch die Arbeitsagentur.

Dennoch sollten Sie möglichst mit einem gewissen Finanzpolster starten. Die Aufbauphase, in der Sie viel arbeiten, viel akquirieren, aber noch wenig verdienen, muss schließlich auch überstanden werden.

Alternative 2: Einstieg als Teilhaber

Sich an einem bestehenden Unternehmen zu beteiligen ist wesentlich weniger riskant und auch arbeitsintensiv, als etwas ganz alleine neu aufzubauen.

Drei Punkte müssen allerdings erfüllt sein, damit diese Alternative für Sie funktioniert: Sie müssen erstens einen entsprechenden Betrag zur Verfügung haben und bereit sein, ihn zu investieren – auch auf das Risiko hin, dass Sie dieses Geld nie wiedersehen. Falls Sie gekündigt wurden bzw. einen Aufhebungsvertrag geschlossen und dafür eine Abfindung erhalten haben, könnte diese Abfindung Ihr Einstiegsbetrag sein.

Zweitens sollten Sie im Vorfeld ganz genau prüfen, wie zukunftsfähig das Unternehmen ist, in das Sie sich einkaufen. Lassen Sie sich die Bücher zeigen und analysieren Sie den Geschäftsgang, die Umsatz- und Gewinnsituation, die Kundenstruktur und alle anderen Kriterien, die erfolgsentscheidend sein können. Entscheiden Sie nicht nur nach Sympathie, sondern auch nach harten betriebswirtschaftlichen Kriterien.

Drittens sollten Sie und die bisherigen (Allein-)Inhaber menschlich gut harmonieren. Sie können nicht dauerhaft mit jemandem ein Unternehmen betreiben, mit dem Sie persönlich nicht klarkommen. Die »Chemie« muss stimmen. Aber selbst wenn es menschlich gut passt – zusätzlich sollten Sie vertraglich ganz genau aushandeln, wie die konkrete Zusammenarbeit funktionieren soll: Wer macht was, wer darf was entscheiden, gibt es ein festes Gehalt oder eine Umsatzbeteiligung, wie wird abgerechnet?

Letzteres sollten Sie unbedingt auch dann tun, wenn Sie erwägen, bei einem Bekannten oder einer guten Freundin einzusteigen. Es mag Ihnen kleinkariert erscheinen, aber ich habe schon erlebt, wie aus guten Freunden unversöhnliche Gegner wurden, weil sie sich im gemeinsamen Geschäft gegenseitig auf die Nerven gingen, der eine sich vom anderen ausgebootet fühlte und überhaupt dauernd einer dem anderen »hineinregierte«.

Alternative 3: Interimsmanagement

Diese Möglichkeit haben viele Menschen überhaupt nicht auf ihrem beruflichen Radarschirm. Aber wenn Sie Managementerfahrung haben oder Spezialkenntnisse, etwa im IT-Bereich, die auf dem Markt begehrt sind, haben Sie gute Chancen, als Interimsmanager nachgefragt zu werden. Denn es gibt immer Fälle, in denen ein Unternehmen eine Fach- oder Führungskraft nur vorübergehend benötigt, etwa zur Abwicklung eines Projekts, als Ersatz für einen erkrankten Manager oder als »Lückenfüller« fürs Tagesgeschäft, wenn ein Spezialist gegangen und sein Nachfolger noch nicht gefunden bzw. noch nicht im Unternehmen ist.

In all diesen Fällen wenden sich insbesondere große Unternehmen an einen Anbieter für Interimsmanagement. Diese Unternehmen haben eine größere Anzahl von Fach- und Führungskräften in ihrer Datei, wählen ein paar Kandidaten aus, die für die jeweilige Aufgabe am besten geeignet sind und präsentieren sie dem nachfragenden Unternehmen. Dieses entscheidet sich für einen Kandidaten – und der hat für einige Wochen oder Monate einen interessanten und gut bezahlten Job. Ich nehme selbst ab und zu Interimstätigkeiten im Personalbereich an und kann aus eigener Erfahrung sagen: Da ich meine Kernkompetenzen klar kommuniziert habe, bekomme ich auf diese Weise genau die Aufgaben, die mir am meisten Freude machen.

Das Interimsmanagement kann für Sie auch zum Sprungbrett in eine neue Festanstellung werden. Ich bin bisher in fast jeder Interimsstelle nach vier bis sechs Wochen gefragt worden, ob ich den Posten nicht dauerhaft haben wolle. Für die Unternehmen ist es ja auch sehr praktisch: Nach ein paar Wochen kennen sie den Kandidaten, wissen, was er kann und dass er geeignet ist. Das Risiko einer solchen Übernahme ist daher wesentlich geringer als bei einer konventionellen Neueinstellung.

Eine Liste seriöser Interimsmanagement-Unternehmen finden Sie im Anhang. Wenn Sie sich dort vorstellen, wird man Ihnen schnell sagen können, wie angesichts Ihrer Qualifikationen und Erfahrungen Ihre Aussichten auf eine Vermittlung sind. Finanziell sieht die Sache so aus: Sie sagen, welchen Tagessatz – in Ausnahmefällen kann es auch um einen Stundensatz gehen – Sie sich vorstellen. In der Regel können Sie von einem Tagessatz zwischen 600 und 1100 Euro brutto ausgehen (erfahrene Restrukturierungs- und Finanzmanager auf Geschäftsleitungsebene haben einen höheren Tagessatz), und zwar zuzüglich eventuell anfallender Reise- und Hotelkosten. Der Interimsanbieter verhandelt dann mit dem Kundenunternehmen und sagt Ihnen, welchen konkreten Tagessatz Sie bekommen würden. Das ist ein wenig intransparent, weil das Kundenunternehmen eigentlich mehr zahlt, der Interimsanbieter von dem gezahlten Satz seine Provision abzieht und Sie weder den »echten« Tagessatz noch die Höhe der Provision erfahren. Aber so ist es eben üblich.

Wenn Sie nach einiger Zeit mehr Erfahrung und Kontakte

in Sachen Interimsmanagement haben, können Sie auf die Dienste eines solchen Vermittlers immer öfter verzichten. Nur etwa 20 Prozent aller Interimsjobs werden über diese Dienstleister abgewickelt – allerdings sind es oft gerade die großen und sehr attraktiven Unternehmen, die zu ihren Kunden zählen.

Ihre wichtigste Ressource?
Das sind Sie selbst!

Sie wissen nun, was Sie wollen und wohin Sie Ihr beruflicher Weg noch führen könnte oder sollte. Sie kennen Ihre Stärken und Schwächen, Ihre Wünsche und Träume. Sie haben, auch anhand der Fallbeispiele aus meiner Beratungspraxis, gesehen, dass Sie mit über 50 nicht in einer Sackgasse stecken, sondern Ihnen noch viele Wege offen stehen – sei es die Weiterentwicklung im vorhandenen Job, eine Neuanstellung oder sogar die Selbstständigkeit. Für was auch immer Sie sich entscheiden, wohin auch immer Sie möchten, eines ist unabdingbar: Sie müssen fit und leistungsfähig sein. Für Ihren Chef oder Ihre Kunden sind Sie nur wertvoll, wenn Sie auch Leistung bringen. Auch Ihre Lebensqualität und Zufriedenheit hängen von Ihrer inneren und äußeren Ausgeglichenheit und Fitness ab. Sie sind dafür verantwortlich, sich selbst mental und körperlich zu führen. Sie sind Ihr eigener Manager und Ihr persönlicher Gesundheitsexperte.

Selbstmanagement ist der Schlüssel für jeden beruflichen Erfolg

»Selbstmanagement« – was heißt das denn konkret? In dem Wort stecken bereits die beiden Komponenten, auf die es ankommt: Sie »selbst« sind am Zug und in der Pflicht, Ihr eigenes »Management« zu betreiben. »Managen« heißt im weitesten Sinne, Maßnahmen zu wählen und umzusetzen, um bestimmte Ziele zu erreichen. Das Ziel ist klar: Fitness und Leistungsfähigkeit erreichen und erhalten, um möglichst selbstbestimmt und glücklich leben und arbeiten zu können. Was brauchen Sie dafür?

Komponente 1: Ihre Einstellung zum Leben

Wer oder was ist es eigentlich, der Ihr Leben gestaltet? Sind es die Umstände? Die Ereignisse, die »einfach passieren«? Sind es die Menschen in Ihrem Umfeld, die durch ihre Erwartungen und Ansprüche an Sie Ihren Handlungsspielraum festlegen? Oder gestalten vor allem Sie selbst Ihr Leben? Verstehen Sie die Zusammenhänge in Ihrem Leben? Wie sich eines aus dem anderen ergibt? Erkennen Sie ein Muster? Eine übergeordnete Struktur? Oder fühlen Sie sich chaotisch hin- und hergetrieben von unvorhersehbaren Entwicklungen und Ereignissen? Welchen Sinn hat Ihr Leben für Sie? Was sehen Sie als Ihre Lebensaufgabe an? Was treibt Sie an?

Die Antworten auf diese Fragen können nur Sie selbst finden. Dabei gibt es keine richtigen oder falschen Antworten. Es gibt nur solche, die sich für Sie gut und richtig anfühlen. Entscheidend ist nicht, welche Antworten Sie auf diese Fragen finden, sondern **dass** Sie sie finden und mit Überzeugung sagen können:

- *»Ja, ich verstehe die Zusammenhänge in meinem Leben.«*
- *»Ja, ich habe Einfluss auf den Verlauf meines Lebens.«*
- *»Ja, ich habe meinen persönlichen Sinn, meine Lebensaufgabe gefunden.«*

Diese drei Überzeugungen ergeben das, was der Forscher Aaron Antonovsky als »Kohärenzsinn« definiert hat: Wer sein Leben als verstehbar, handhabbar und sinnhaft empfindet, ist widerstandsfähiger gegen Stress und psychisch in der Lage, sein Leben auch in widrigen Zeiten besser zu meistern. Wer sich als Opfer, als Spielball zufälliger Gegebenheiten empfindet und seinem Leben keinen Sinn abgewinnen kann, wird nicht nur weniger glücklich und zufrieden sein, sondern auch viel stärker unter Stress leiden als seine Zeitgenossen mit einem hoch entwickelten Kohärenzsinn.

Was also ist Ihre Einstellung zum Leben? Welchen Sinn können Sie ihm abgewinnen?

Für mich sieht das beispielsweise so aus: Früher habe ich mich oft gefragt: »*Warum kommen die Menschen dauernd zu mir, wenn sie Probleme haben, wenn sie nicht mehr wissen, wie es weitergehen soll?*« *Oder:* »*Warum erkennt der oder die nicht, was sein Problem ist, wo es doch so naheliegend ist?*« *Irgendwann habe ich für mich verstanden, dass es meine persönliche Berufung ist, andere Menschen dabei zu unterstützen, ihren Weg zu gehen. Seitdem weiß ich genau, was ich tun will und warum. So stresst es mich auch nicht, dass* »*dauernd*« *jemand etwas von mir will, sondern ich freue mich darüber, dass Menschen zu mir finden, die auf der Suche sind, und dass ich sie eine Wegstrecke weit begleiten kann. Das bedeutet für mich persönliche Erfüllung. Die Frage nach meinem Kerngeschäft habe ich mir somit beantwortet.*

Überprüfen Sie also genau: Welche Einstellungen haben Sie zum Leben? Sind es wirklich Ihre eigenen? Haben Sie Ihre eigene Sicht auf die Welt, die Ihr Denken prägt und Sie selbstbestimmt handeln lässt? Oder haben Sie die Einstellungen Ihrer Eltern wie Ballast im Gepäck auf Ihrer Lebensreise? Kann es sein, dass Sie die Weltsicht anderer unbewusst übernommen haben?

Die folgende Übung hilft Ihnen, eine Momentaufnahme Ihrer Einstellung zum Leben, Ihrer persönlichen Glaubenssätze zu machen:

Aufgabe 10: Erkennen Sie Ihre Einstellungen und Glaubenssätze

Ergänzen Sie spontan folgende Sätze:

1. *Die Welt ist* _____

_____

_____

2. *Das Leben ist* _____

_____

_____

3. *Die Menschen sind* _____

_____

_____

4. *Geld ist* _____

_____

_____

5. *Ich bin* _____

_____

_____

6. *Das Wichtigste in meinem Leben ist/sind* _____

_____

_____

_____

7. *Meine Mutter sagte immer:* _____

_____

_____

_____

8. *Mein Vater sagte immer:* _____

_____

_____

_____

Nehmen Sie sich nun Zeit, Ihre spontan gegebenen Antworten in Ruhe zu studieren. Wie ist Ihre Sicht auf die Welt? Eher positiv? Sehen Sie die Welt als schön, vielfältig und interessant an? Oder als feindlich und beängstigend? Ist Ihr Leben spannend, reich, ausgefüllt? Oder bedrohlich, hart, ein Kampf? Was ist für Sie das Wichtigste? Sind es Menschen, die Sie lieben, und Dinge, die Sie gerne tun? Ist es Sicherheit oder Freiheit und Unabhängigkeit?

Wagen Sie nun einen zweiten Blick auf Ihre Glaubenssätze. Lesen Sie die Sätze noch einmal durch, die Sie von Ihren Eltern auch als Erwachsener noch im Ohr haben. Gibt es da einen Zusammenhang?

Erinnern Sie sich an Monika, die arbeitslos gewordene Einkäuferin? »*Geld ist Freiheit*«*, hatte sie in den Fragebogen oben geschrieben und:* »*Das Wichtigste in meinem Leben sind meine Arbeit und meine finanzielle Unabhängigkeit.*« *Unten auf dem Blatt standen zwei Sätze, die ihre Mutter ihr immer und immer wieder gesagt hatte:* »*Als Frau bist du letztlich immer die Dumme.*« *Und:* »*Mach es ja nicht wie ich, mache dich nie abhängig von einem Mann.*« *Erst als Monika ihre eigenen Aussagen und die ihrer Mutter nacheinander las, wurde ihr klar:* »*Ich lebe die Einstellung und Wertorientierung meiner Mutter!*«

Typische Glaubenssätze, die Ihr Leben negativ beeinflussen könnten, sind beispielsweise »*Du musst immer dein Bestes geben!*« oder »*Gut ist eben nicht gut genug!*«. Sie münden in Perfektionismus, extremen Leistungszwang und das Gefühl, nie gut genug zu sein. »*Wir kleinen Leute können doch sowieso nichts machen.*« – Das ist eine Anleitung zu Passivität und der Übernahme einer Opferrolle. Selbst vermeintlich positive Glaubenssätze wie »*Du kannst alles schaffen, wenn du es nur wirklich willst*« können negativ wirken. Denn wenn in Ihrem Leben dann etwas misslingt, sind Sie ja selbst daran schuld – Sie haben es eben nicht ernsthaft genug gewollt und sich nicht genug dafür eingesetzt!

Die Glaubenssätze, die wir von unseren Eltern immer wieder gehört haben, prägen uns stark. Sich ihrer bewusst zu werden und zu erkennen, dass Sie sie übernommen haben, ist ein erster Schritt, sich von ihnen wenigstens ein Stück weit zu lösen. Sie leben nicht das Leben Ihrer Mutter oder Ihres Vaters. Sie leben Ihr eigenes. Für Sie gelten Ihre eigenen Wahrheiten.

Monika erarbeitete sich ihren eigenen Glaubenssatz: »Ich kann geben und nehmen. Ich schätze finanzielle Selbstständigkeit und kann Geschenke annehmen.«

Komponente 2: Wie Sie sich selbst führen

Solange Sie denken »Was soll ich in meinem Alter denn noch groß anfangen, da habe ich doch sowieso keine Chance« – so lange ist es auch so. Sobald Sie erkannt haben, dass Sie selbst es sind, der Ihr Leben gestaltet, stehen Ihnen viele Wege offen. Solange Sie in Ihrem Leben keinen Sinn sehen, hat es für Sie auch keinen. Wenn Sie dagegen einen Lebenssinn für sich gefunden haben, ist das eine enorme Entlastung. Sie müssen nicht mehr jeden Tag alles neu erfinden. Sie können einfach sagen: »Für mich ist es so und so lebe ich.«

Sobald Sie anfangen, die Dinge aus sich heraus zu tun, weil Sie selbst es wollen, dann ist es ganz einfach, sich selbst zu führen, positiv und gesund zu bleiben. Selbstführung heißt, sich selbst zu motivieren, die eigenen Bedürfnisse zu berücksichtigen und mit den eigenen Ressourcen vernünftig umzugehen. So können Sie auch dann noch motiviert, kraftvoll und gesund bleiben, wenn Sie vorübergehend oder auch über einen längeren Zeitraum hinweg beruflich sehr stark eingebunden und beansprucht sind.

Was krank macht, sind nämlich nicht unbedingt die eigentlichen Beanspruchungen. Krank machen vor allem die Diskrepanzen zwischen dem, was Sie wollen, und dem, was Sie müssen. Krank macht es, sich als Opfer der Umstände, als Gefangener ungeliebter Aufgaben und als Getriebener fremdbestimmter Anforderungen zu fühlen.

Sich selbst zu führen heißt auch, zu wissen, was Sie brauchen, und sich das zu holen. Vielleicht haben Sie manchmal, wenn Sie stark eingespannt sind, tatsächlich weniger Zeit für die Dinge, die Sie gerne tun und die Ihnen Kraft geben. Ganz auf sie verzichten sollten Sie deswegen nicht. Bauen Sie immer wieder Pausen und kleine Highlights in Ihren Alltag ein, schenken Sie sich das, was Sie brauchen.

Kurz: Sich selbst zu führen heißt, eine Balance zwischen den drei Polen zu finden, die Ihr Leben ausmachen. Zwischen Ihrem Beruf und den Anforderungen, die er an Sie stellt, Ihrer Familie und Ihren Freunden und nicht zuletzt dem, was Sie für sich selbst an Zeit und Zuwendung brauchen.

Natürlich wird es immer wieder Phasen geben, in denen einer dieser drei Pole dominiert. In denen Sie sehr viel arbeiten, um ein großes Projekt fertig zu bekommen, oder in denen Sie privat stark beansprucht sind. Aber selbst in diesen Phasen dürfen Sie die jeweils anderen Pole nicht völlig vernachlässigen. Wenn Sie privat nicht mehr wissen, wo Ihnen der Kopf steht, weil Ihre Mutter schwer krank ist und Sie zwischen Krankenhaus und Pflegeheimplatzsuche hin- und herpendeln, müssen Sie trotzdem im Job eine einigermaßen akzeptable Figur abgeben können. Wenn Sie im Job und von anderen mit Arbeit zugeschüttet werden, müssen Sie trotzdem wenigstens kleine Freiräume und Erholungspausen für sich selbst schaffen und ein Mindestmaß an Familienleben und sozialen Kontakten pflegen.

Wenn Sie einen oder gar zwei der drei Pole auf Dauer vernachlässigen, bekommen Sie unweigerlich Schwierigkeiten. Mit Ihrem Chef, mit Ihrer Familie und mit Ihrer Gesundheit. Sehen Sie es ganz professionell: Im Job ist es für Sie selbstverständlich, für Ihre internen und externen Kunden da zu sein. Niemals würden Sie einen wichtigen Kunden einfach versetzen, seine Bedürfnisse und Wünsche ignorieren und ihn mit einem dürren »*Ich habe jetzt keine Zeit für Sie*« abspeisen. Merkwürdigerweise haben viele Menschen aber nicht die geringsten Bedenken, sich selbst zu versetzen.

Aufgabe 11: Wie sieht Ihre Work-Life-Balance aus?
Sind Sie im Gleichgewicht?

0	1	2	3	4	5

überhaupt nicht   absolut im Gleichgewicht

Beruf

```
                    /\
                   /  \
                  /    \
                 /      \
                /        \
               /          \
              /            \
             /              \
            /                \
           /_____\
```

Familie/Freunde   Freizeit/Sie selbst

Kreuzen Sie auf der Skala oben an, inwieweit Sie sich im Gleichgewicht befinden. Darauf basierend halten Sie Ihre Wünsche und Erwartungen schriftlich fest.
Was sind Ihre Wünsche? Wie soll Ihre Balance aussehen?

_____

_____

_____

_____

_____

Was wollen Sie tun, um in Balance zu kommen?

_____

_____

_____

_____

Komponente 3: Ihr Zeitmanagement

»*Ich habe keine Zeit!*«, dieser Satz geht sicher auch Ihnen häufig über die Lippen. Es ist so viel zu tun, in der Arbeit, im Haushalt, in der Familie, im Verein – die Tage sind mit 24 Stunden einfach zu kurz, um das alles unterzubringen! Ihre Tage sind von Termindruck und Hetze geprägt, trotzdem schaffen Sie nicht alles, was Sie schaffen müssten (oder wollen?). Das stresst. Und das verursacht Fehler, die zu beseitigen wiederum Zeit kostet, die Sie nicht haben. Woher kommt dieser Terminstress? Analysieren Sie selbst:

Aufgabe 12: Warum haben Sie Probleme, mit Ihrer Zeit auszukommen?

1. Wer will Ihre Zeit? Wer stört und unterbricht Sie, wer »stiehlt« Ihnen die Zeit?

_____

_____

_____

2. *Wie gut sind Sie organisiert? Inwieweit haben Sie Ihre Termine und Aufgaben im Griff? Wie sieht Ihr Schreibtisch aus – ordentlich und übersichtlich oder chaotisch und voller Stapel?*

_____

_____

_____

3. *Wie leistungsfähig sind Sie gerade körperlich und geistig? Sind Sie zu erschöpft, um konzentriert und zielgerichtet arbeiten zu können?*

_____

_____

_____

4. *Haben Sie Ziele? Welche? Sind diese Ziele realistisch?*

_____

_____

_____

Meiner Erfahrung nach geben die Antworten auf diese vier Fragen Ihnen bereits alles an die Hand, was Sie brauchen, um Ihr Zeitmanagement zukünftig besser in den Griff zu bekommen:

Sind es vor allem Dritte, die Sie daran hindern, das abzuarbeiten, was Sie eigentlich wollen und sollen? Die Kollegin, die ständig Ihre Hilfe braucht? Der Chef, der immer wieder neue Sonderaufgaben für Sie hat? Freunde, die regelmäßig Hilfe beim Umziehen, Gärtnern, der Autoreparatur oder was auch immer brauchen? Dann ist Ihr Problem eigentlich keines, das wirklich die Zeit betrifft. Sie haben schlicht ein Problem damit, sich gegenüber den Forderungen und Ansprüchen anderer zu behaupten und auch einmal »Nein« zu sagen. Solange Sie das nicht können, wird Ihnen die Zeit nie reichen. Die anderen sind schließlich daran gewöhnt, dass man Sie immer fragen kann und Sie immer Zeit haben (außer für sich selbst). Sagen Sie Nein – Sie werden staunen, wie sehr das entlastet.

Ihrem Chef sagen Sie das Nein natürlich nicht so unverblümt ins Gesicht. Aber Sie delegieren die Prioritätensetzung einfach an ihn zurück: »*Das mache ich gerne, kein Problem. Allerdings kann ich dann die Aufgabe XY nicht termingerecht fertigstellen, sondern erst eine Woche später. Ist das für Sie okay?*«

Möglicherweise gibt es auch an Ihrer persönlichen Organisation einiges, das Sie verbessern könnten. Fällt es Ihnen beispielsweise schwer, Prioritäten zu setzen? Arbeiten Sie an mehreren Aufgaben parallel, weil Sie nicht sicher sind, welche davon wirklich dringend und wichtig ist? Oder verwenden Sie viel Zeit darauf, benötigte Unterlagen oder E-Mails zu suchen? Das könnte darauf hinweisen, dass Sie Ihre Ablage verbessern sollten. Oder vergessen Sie öfter Termine, weil Sie nicht dazu kommen, Ihren Terminplaner zu aktualisieren? Wenn Ihre Probleme eher organisatorischer Art sind, kann Ihnen ein klassisches Zeitmanagement-Seminar weiterhelfen, Ihre Arbeit besser zu planen und effizienter zu organisieren.

Das wird Ihnen allerdings nicht allzu viel bringen, wenn Sie vor allem deswegen Terminprobleme haben, weil Sie zu erschöpft und ausgebrannt sind, um noch konzentriert arbeiten zu können. In diesem Fall brauchen Sie eine Pause und mehr Rücksichtnahme auf Ihren Körper.

Einer der bedeutendsten Gründe für chronischen Zeitstress ist meiner Erfahrung nach gerade bei Frauen der Generation 50 plus zu finden. Es ist die sogenannte Perfektionsfalle. Die »Nur wenn ich es selbst mache, ist es gut gemacht«-Falle. Ich kenne Frauen, die im Beruf sehr eingespannt sind, sich nebenher ehrenamtlich engagieren und ein großes Haus mit Garten komplett selbst versorgen. Und sich um die kranke Mutter kümmern. Und den erwachsenen Söhnen die Wäsche machen. Wenn überhaupt, dann leisten sie sich eine Putzfrau. Alles andere machen sie selbst. Für sie ist das Wochenende keine Zeit der Erholung, sondern angefüllt mit Aktivitäten, die ihnen keinen Erholungswert bringen. Samstags kaufen sie ein, jäten den Garten, waschen und kochen. Sonntags gehen sie nicht spazieren oder in ein Konzert, sondern bügeln vor dem Fernseher. Am Montag geht dann der Stress im Job wieder los, wo man ja auch nichts delegieren kann, weil die anderen es sowieso nicht richtig machen …

Wie ist das bei Ihnen? Besteht Ihre Freizeit aus lauter Dingen, die Sie machen müssen? Dann überlegen Sie doch einmal in aller Ruhe, was davon wirklich ein Muss ist und was davon andere tun könnten. Oft haben sich der Partner oder die Kinder einfach an die bequeme Rundumversorgung gewöhnt. Sagen Sie es, bevor Ihnen alles zu viel wird – es wird Ihren Lieben nicht schaden, mehr im Haushalt zu tun. Oder leisten Sie sich eine professionelle Entlastung. Mehrere meiner Klientinnen berichten von einem ganz anderen Wochenendgefühl, seitdem ein Bügelservice die Hemden holt und schrankfertig wieder bringt. Das ist eine vergleichsweise kleine Investition, die einen enormen Gewinn an Lebensqualität bringen kann.

**Aufgabe 13: Ihr persönlicher Maßnahmenplan für
weniger Stress**

*Was werden Sie konkret ändern, um weniger Zeit- und Ter-
mindruck zu haben? Bis wann werden Sie das umsetzen?*

In der Organisation Ihres beruflichen Alltags?

_____

_____

_____

In der Organisation Ihres privaten Alltags?

_____

_____

_____

Zeitmanagement heißt aber nicht nur, seine Zeit sinnvoll ein-
zuteilen und diszipliniert mit ihr umzugehen. Es heißt auch,
bewusst und achtsam in der Gegenwart zu leben. Auf viele
Menschen trifft nämlich die Erkenntnis zu, die der irische
Schriftsteller Jonathan Swift schon vor 300 Jahren so treffend
formulierte:

> *Genau genommen leben sehr wenige Menschen in
> der Gegenwart. Die meisten bereiten sich darauf
> vor, demnächst zu leben.*

Geht es Ihnen auch so? Sie tun etwas, sind mit den Gedanken
aber woanders. Beim Einschlafen denken Sie daran, wie stres-

sig der Tag war und dass Sie am nächsten Tag doch wieder fit sein müssen, weil schon neuer Stress wartet. Beim Frühstück gehen Sie geistig den ersten Besprechungstermin durch, während des Besprechungstermins denken Sie an den Bericht, den Sie noch schreiben müssen, und während Sie den Bericht schreiben, überlegen Sie, was Sie auf dem Heimweg noch einkaufen müssen und wie Sie den nächsten Tag so organisieren, um alle Termine unterzubringen.

Doch während Sie an morgen denken, geht das Heute vorbei. Wenn Sie geistig immer im Gestern oder Morgen sind, können Sie das Jetzt nicht erleben – und erst recht nicht genießen. Konzentrieren Sie sich auf das Hier und Jetzt: Sie lesen gerade dieses Buch. Ihre Gedanken beschäftigen sich mit dem, was Sie lesen. Nur damit. Das ist jetzt gerade das Wichtigste. Wenn Sie das Buch anschließend zur Seite legen, um mit Ihrem Partner zu sprechen, dann wenden Sie sich ihm aufmerksam zu und konzentrieren Sie sich voll auf das Gespräch.

Was Sie sich vorgenommen und geplant haben, setzen Sie schnörkelfrei um. Eines nach dem anderen. In jedem Moment ist das, was Sie gerade tun, das Wichtigste. Der Mensch, mit dem Sie gerade sprechen, verdient, dass Sie sich auf ihn konzentrieren. Der Bericht, den Sie schreiben, ist während des Schreibens wichtiger als alles, was Sie später machen werden. Und wenn Sie abends in der Badewanne liegen oder am Wochenende einen Spaziergang im Wald machen, dann ist das in jenen Momenten das einzig Wichtige. Es ist Ihre Gegenwart. Es ist Ihr Leben.

Ein paar Gedanken

Dies ist die wahre Freude im Leben,
für ein Ziel gebraucht zu werden,
das man selbst als gewaltig anerkennt;
eine Naturgewalt zu sein,
statt eines fieberhaften, egoistischen kleinen Bündels
von Kränkungen und Beschwerden, das sich beklagt,
dass die Welt nicht alles tue, um einen glücklich zu
machen.

Ich möchte vollständig aufgebraucht sein,
wenn ich sterbe,
denn je härter ich arbeite, desto mehr lebe ich.
Ich freue mich am Leben um seiner selbst willen.

Das Leben ist
keine »schnell niederbrennende Kerze« für mich.
Es ist eine Art leuchtende Fackel,
die ich jetzt in der Hand halte,
und ich möchte sie so hell wie möglich erstrahlen
lassen,
bevor ich sie an künftige Generationen weitergebe.

George Bernard Shaw

Was ist Ihnen wichtig? Wie wollen Sie leben? Wollen Sie
etwas zurücklassen, wenn Sie aus dem Leben gehen?
Und was?

Behandeln Sie Ihren Körper wie Ihren besten Freund

Die Einstellung, Ihren Körper wie einen Freund zu behandeln, wird Ihnen dabei helfen, mit Ihrem beruflichen wie privaten Stress besser fertig zu werden. Stress ist ja heute zu einem Symbol für Belastung im Allgemeinen geworden. Das Wort »Stress« hat jedoch ursprünglich nur beschrieben, was im Körper bei Belastung passiert. »Stress« war also ein neutraler Begriff. Bei Stress werden bestimmte Hormone im Körper ausgeschüttet: Adrenalin, das innerhalb von Sekunden aktiv wird, und das längerfristige Cortisol, das für die chronischen Stresserkrankungen verantwortlich ist. Diese Hormone rufen verschiedenste körperliche Reaktionen hervor: Das Herz schlägt schneller, Gehirn und Lunge werden besser versorgt, die Sinne geschärft. Das ist grundsätzlich nicht schlecht. Wenn dieser Zustand jedoch anhält, wenn der Stress im Alltag und damit die Cortisolausschüttung auf einem hohen Level bleiben, dann wirkt Stress negativ und Sie fühlen sich wie in einem Korsett. Wenn ich hier also von Stress spreche, dann über diesen sogenannten *Distress*, den lang anhaltenden Stress, wo es keine Entspannungsphasen dazwischen mehr gibt. Stress ist der Versuch des Körpers, sich auf die verschiedensten Arten von Belastung einzustellen: auf Kälte, Hitze, soziale Spannungen, kurz, alle Belastungen, die Körper und Seele betreffen können. Wissenschaftlich nachweisbar ist, dass Stresshormone ausgeschüttet werden, die den Menschen in die Lage versetzen, eine körperliche Antwort auf die Belastung zu finden.

Sie sind also in einem ständigen Reiz-Reaktions-Schema, in dem ohne notwendige Pausen zu viele Reize einströmen. Der krank machende Stress liegt in diesen ständigen Reizen von außen begründet, in ständig wechselnden Anforderungen, permanentem Leistungsdruck und vor allem in zu geringen oder ganz fehlenden Gestaltungsmöglichkeiten. Was stresst, ist das Ausgeliefertsein und die chronische Überforderung, die entsteht, wenn Sie für belastende Situationen keine adäquate Lösung finden können.

Das Ergebnis ist emotionale Erschöpfung, reduzierte Leistungsfähigkeit, Sie fühlen sich ausgelaugt und sind mit sich nicht zufrieden. Gedanken von Inkompetenz und Versagen kommen oftmals hinzu. Körperliche Symptome wie Müdigkeit, Unausgeglichenheit und eine misstrauische, negative Grundstimmung ergänzen die »Befindlichkeit«.

Trotzdem: Wer Stress hat, ist »in«, willkommen im Club, könnte man sagen. Denn mit all den Erkenntnissen gehört es immer noch zum guten Ton, gestresst zu sein. Wer viele Termine hat und »wahnsinnig im Stress« ist, ist schließlich wichtig und tüchtig. Stellen Sie sich vor, jemand antwortet auf die Frage, wie es ihm gehe, ganz ehrlich: »*Danke, bestens, ich habe schon seit Wochen ein überschaubares Pensum und privat schiebe ich gerade eine ruhige Kugel.*« Was werden Freunde, Kollegen und der Chef da wohl denken? Und wer steht dann wohl ganz oben auf der Liste der verzichtbaren Mitarbeiter beim nächsten Personalabbau? Nein, wenigstens ein paar zusätzliche Beschäftigungen und Sonderthemen müssen da schon her, damit man wenigstens über ein Mindestmaß an Stress klagen kann.

Dauernder negativer Stress macht krank. Stress wird als eine der Hauptursachen für Herz- und Kreislauferkrankungen, für Magengeschwüre, Kopf- und Rückenschmerzen sowie Schlafstörungen angesehen. Nicht umsonst gilt der Herzinfarkt nach wie vor als typische »Managerkrankheit«. Aber auch viele andere Krankheiten werden zumindest teilweise durch Stress ausgelöst bzw. verstärkt. Ihr Körper leidet unter Stress und er teilt Ihnen diese Leiden mit.

Darf er da nicht etwas Rücksichtnahme erwarten?

Wenn ich neue Klienten frage, wie es um ihre Rücksichtnahme auf den eigenen Körper steht, erhalte ich allzu häufig eine Antwort nach diesem Schema: »*Na ja, ich schlafe sehr schlecht, weil ich nicht abschalten kann. Deswegen nehme ich öfter eine Schlaftablette. Oder trinke das eine oder andere Glas Wein, dann geht es mit dem Einschlafen besser.«* Oder: *»Morgens ist es ganz schwierig, da brauche ich viel Kaffee, damit ich überhaupt wach werde. Tagsüber habe ich oft so schlimme Kopf- oder Rückenschmerzen – ohne Schmerztabletten geht es da nicht.«*

Wo soll das hinführen? Glauben Sie etwa, es gäbe für Ihren Körper eine Reset-Taste, die Sie nur zu drücken brauchen, um alles wieder auf null zu setzen? Ihr Körper vergisst nicht, was Sie ihm zumuten. Und mit 50 oder 55 verzeiht er Ihnen wesentlich weniger als mit 30.

Sie brauchen nicht **gegen** den Stress zu kämpfen. Weder mit Tabletten noch mit Alkohol oder anderen betäubenden Mitteln. Viel wirkungsvoller – und gesünder – ist es, dass Sie sich **für** etwas engagieren, nämlich für Ihre Gesundheit. Beschäftigen Sie sich mit dem, was Ihre Gesundheit und Leistungsfähigkeit erhält und stärkt, werden Sie Ihr eigener Gesundheitsexperte. Sie kennen Ihren Körper am besten. Wenden Sie sich ihm aufmerksam zu, erspüren Sie seine Bedürfnisse und erfüllen Sie sie.

Kurz: Behandeln Sie Ihren Körper wie Ihren besten Freund.

Wenn ein guter Freund zu Ihnen zum Essen kommt, dann sagen Sie ihm doch nicht: *»Hör mal, ich muss nachher noch weg und habe es eilig, lass uns schnell im Stehen in der Küche eine Fertigpizza herunterschlingen.«* Nein, einen guten und geschätzten Freund empfangen Sie ganz anders: Sie decken liebevoll den Tisch, kochen ein kleines Menü und dann genießen Sie beide in Ruhe das Essen und die Gesellschaft.

Ist Ihr Körper nicht auch ein guter Freund? Jemand, auf den Sie zählen können (wollen) und der Ihre Aufmerksamkeit verdient? Den Sie im übertragenen Sinne liebevoll behandeln sollten? Zugegeben, manchmal wird es Ihnen vielleicht so vorkommen, als sei Ihr Körper alles andere als ein Freund. Wenn er früher müde wird, wenn er schmerzt, wenn er schlicht altert. Aber steht ihm das nicht zu? Er ist schließlich keine Maschine – und selbst die bräuchte regelmäßige Wartungsleistungen, um zu funktionieren.

Aufgabe 14: Behandeln Sie Ihren Körper wie einen guten Freund

Überlegen Sie: Was heißt das für Sie? Was braucht Ihr Körper? Was möchten Sie ihm schenken?

Manches, was Sie aufgeschrieben haben, wird sicher etwas ganz Persönliches, Individuelles sein. Andere Punkte werden viele unter Ihnen beschreiben. Es geht letztlich um die Grundbedürfnisse und die haben nicht so viel mit Finanzen zu tun.

Ihr Körper braucht kein Wellness-Wochenende in einem Luxushotel, wenn es das Budget nicht hergibt. Auch nicht als Ausgleich für Monate mit 80-Stunden-Wochen. Ihr Körper will ja im Grunde nichts Besonderes: Er will genügend Schlaf, Entspannung nach Anstrengungen, eine gesunde und mit Genuss zugeführte Ernährung und regelmäßige Bewegung. Das sollte Ihnen ein so guter Freund doch wert sein!

Wenn Sie die drei genannten Bereiche – Ernährung, Bewegung und Entspannung – in den Griff bekommen, haben Sie schon viel dafür getan, Ihren Körper fit und leistungsfähig zu halten. Das ist gut, denn er wird schließlich Ihr ständiger Begleiter auf Ihrer – nicht nur beruflichen – Reise in die Zukunft sein.

Wir sind nun am Ende unserer gemeinsamen Reise angelangt. Vielleicht hatten Sie, als Sie dieses Buch gekauft haben, eher das Gefühl, ganz hinten in einem Bus zu sitzen, von dem Sie nicht wussten, wo er hinfährt. Oder Sie hatten sogar das Gefühl, im falschen Lebensbus zu sitzen und erst einmal aus- und umsteigen, sich orientieren zu müssen. Ziel dieses Buches war es, Ihnen eine Pause zum Aussteigen zu verschaffen, zum Reflektieren, um damit eine Neuorientierung zu ermöglichen. Ich freue mich, dass ich Sie dabei ein Stück weit begleiten durfte.

Sie wissen nun, wohin Ihr Lebensbus fahren soll. Wollen Sie weiterhin Passagier und damit passiv sein? Oder wollen Sie selbst das Steuer ergreifen und bestimmen, wohin die Reise geht? Es ist Ihre Entscheidung! Bestimmen Sie den Kurs. Ich wünsche Ihnen eine gute Fahrt!

© Gunter Wagner

Anhang

Folgende Bücher könnten für Sie nützlich und hilfreich sein:

Doose, Jürgen A.: *EFT – Emotional Freedom Techniques: Die verblüffend einfache Methode zur Lösung von Blockaden und Beschwerden aller Art*, München 2004

Fischer, Theo: *Wu wei – Die Lebenskunst des Tao*, Reinbek 2005

Fritz, Hannelore: *Besser leben mit Work-Life-Balance. Wie Sie Karriere, Freizeit und Familie in Einklang bringen*, Frankfurt am Main 2003

Koch, Axel; Kühn, Stefan: *Ausgepowert? Hilfen bei Burnout und Stress*, Offenbach 2000

Lüdemann, Carolin; Lüdemann, Heiko: *Berufserfahrung als Chance: Erfolgsreich bewerben*, München 2007

Röcker, Anna Elisabeth: *Musik-Reisen als Heilungsweg, Blockaden lösen, Lebensenergie gewinnen, Kreativität freisetzen*, inkl. 3 CDs, München 2005

Seiwert, Lothar J.: *Life-Leadership. So bekommen Sie Ihr Leben in Balance*, Offenbach 2007

Servan-Schreiber, David; Leipold, Inge; Schäfer, Ursel: *Die Neue Medizin der Emotionen: Stress, Angst, Depression: gesund werden ohne Medikamente*, München 2006

Stehling, Wolfgang: *Ja zum Stress*, München 2003

Steiner, Verena: *Energiekompetenz. Produktiver denken, wirkungsvoller arbeiten, entspannter leben. Eine Anleitung für Vielbeschäftigte, für Kopfarbeit und Management*, München 2005

Personalberater/-Vermittler für Interimsmanager

Boyden Interim Management Bersch, Lange & Partner
Gesellschaft für Organisationsentwicklung mbh
Ferdinandstraße 6
61348 Bad Homburg
Tel.: 0 61 72/67 95 30
Fax: 0 61 72/61 95 31
E-Mail: info@boydeninterim.de
www.boydeninterim.de

Ludwig Heuse GmbH
Frankfurter Str. 13 a
61476 Kronberg i. Ts.
Tel.: 0 61 73/9 24 10
Fax: 0 61 73/92 41-11
E-Mail: heusegmbh@interim-management.de
www.interim-management.de

Management Angels GmbH
Bernhard-Nocht-Str. 113
20359 Hamburg
Tel.: 0 40/44 19 55-0
Fax: 0 40/44 19 55-55
E-Mail: info@managementangels.com
www.managementangels.de

Michael Page International (Deutschland) GmbH
Carl-Theodor-Str. 1
40213 Düsseldorf
Tel.: 02 11/1 77 22-0
Fax: 02 11/1 77 22-40 99
E-Mail: mpde-webmaster@michaelpage.com
www.michaelpage.de

Steinbach & Partner
Goethestraße 43/EG
80336 München
Tel.: 0 89/21 15 96-12 (Fax -96)
E-Mail: gkm-muenchen@steinbach-partner.de
www.steinbach-partner.de

ZMM Zeitmanager München GmbH
Rent a Manager – Rent a Consultant – QuickHire®
Brienner Straße 21
D 80333 München
Tel.: 0 89/54 26 44-20 (Fax -59)
E-Mail: jobs@zmm.de
www.zmm.de

Nützliche Internetlinks:

Internetrecherche: www.emofree.com
Zur weiteren Information über die EFT-Methode

www.perspektive50plus.de: Beschäftigungspakte in den Regionen, interessante Seite mit Projekten, Beispielen, Links, herausgegeben vom Bundesministerium für Arbeit und Soziales

www.interconomy.de
Spezialisten-Netzwerk für Projektanbieter und Projektbewerber

www.bmr-managementsolutions.de
Beratung, Training (Neuorientierung, Kurskorrektur, Stressmanagement), Coaching, Interimsmanagement im Personalbereich

Dank

Ich bedanke mich bei allen meinen Coachees, sowie Gesprächs- und Interviewpartnern ganz herzlich für die eingebrachten Themen, die Offenheit, das Vertrauen, die Zeit und das Interesse. Ohne Sie alle wäre das Buch nur eine theoretische Abhandlung, ohne Leben und Würze.

Unsere Ratgeber aus der Reihe »Bewusster leben«

Claudia Hartmann: Rituale zu zweit
160 Seiten, ISBN 978-3-485-05023-4 • nymphenburger

Claudia Hartmann: Rituale zu dritt
160 Seiten, ISBN 978-3-485-05045-6 • nymphenburger

Claudia Hartmann: Familienrituale
176 Seiten, ISBN 978-3-485-09-4 • nymphenburger

Doris Iding: Rituale fürs Alleinsein
160 Seiten, ISBN 978-3-485-05060-9 • nymphenburger

Sandra Heim: Das Meerjungfrauen-Virus
160 Seiten, ISBN 978-3-485-05022-7 • nymphenburger

Richard Witthüser/Bernd Klapproth: Die Wohnungsdiät
192 Seiten, ISBN 978-3-485-05127-9 • nymphenburger

Hedwig Kellner: Die Kunst, mit meinem Geld auszukommen
160 Seiten, ISBN 978-3-485-05044-9 • nymphenburger

Andrea Chrsitiansen: Das Balu-Prinzip
152 Seiten, ISBN 978-3-485-01141-9 • nymphenburger

Eva Angewelt: Liebe ist möglich
168 Seiten, ISBN 978-3-485-01127-3 • nymphenburger

Dieter Mueller-Harju: Das Beste kommt erst noch
184 Seiten, ISBN 978-3-485-01126-6 • nymphenburger

Linda Deslauries: Haare im Licht
192 Seiten, ISBN 978-3-485-05124-8 • nymphenburger

Lesetipp

BUCHVERLAGE
LANGENMÜLLER HERBIG NYMPHENBURGER
WWW.HERBIG.NET